E-Book / Print Book

今、見直す
HTML & CSS
改訂版

林 拓也 著

インプレス R&D [NextPublishing]

はじめに

2014年に、『今、見直すHTML』と『今、見直すCSS』という書籍を書かせていただきました。HTMLやCSSを初めて学習される方に向けて、最初のとっかかりとなることを目指して執筆したものです。幸い、一定のご評価をいただき（？）、この度リニューアル版を出版することになりました。

本書は、2014年に出版した『今、見直すHTML』と『今、見直すCSS』を統合し、加筆修正したものです。

当時はまだHTML5仕様が未完成でしたが、その後正式に勧告に至りました。さらに2016年9月には、マイナーチェンジ版のHTML 5.1仕様もほぼ完成しました。このようにHTML仕様の状況だけを見ても、2年前とは大きな変化が生じています。

本書の内容はWebに関する最新の情報や技術を追っていくような尖ったものではありません。どちらかというと、歴史などの周辺知識を含む総論的な話や、後々まで使える基本の技術的な話が中心です。そのため、既に旧版をお持ちの方はあえて本書に切り替える必要はありません（ぶっちゃけた話ですが）。

逆に言うと、前掲書をお持ちの方も、本書を初めて入手された方も、それぞれの書籍を末永くお使いになれると考えています。

本書はWeb系の技術者を目指す方だけを対象としているのではありません。これからさまざまななネットサービスを利用するようになるであろう小・中学生の方や、Web系の技術に少しアレルギーを感じておられる中高年の方も対象として想定しています。

本書が、さまざまな年代・業種の方々にとって少しでもお役に立つことを、著者として願ってやみません。

2016年10月18日　林 拓也

| 目次 |

はじめに 2

第1章：今、HTML & CSSを考える 6
1-1　HTMLとCSSの概要 6
1-2　HTMLとCSSの特徴 7
　　　1-2-1　HTMLの特徴 7
　　　1-2-2　HTMLとCSSに共通する特徴 8
1-3　HTMLの役割 10
1-4　CSSの役割 17
　　　1-4-1　CSSの具体的な役割 17
1-5　CSSの利用範囲の広がり 23
　　　1-5-1　デバイスに応じたCSSの切り替え 23
　　　1-5-2　Webページと電子書籍のスタイル 24

第2章：HTMLマークアップの基本 26
2-1　HTMLの書式 26
　　　2-1-1　タグの構成と書式 28
　　　2-1-2　属性の書式 30
　　　2-1-3　要素の重なり 31
2-2　HTMLファイルの制作に必要なアプリ 33
2-3　基本的なHTMLファイルの制作 36
　　　2-3-1　文字コード（テキストエンコード） 37
　　　2-3-2　HTMLの基本構成 40
　　　2-3-3　コンテンツの基本的な構造の定義 42
　　　2-3-4　画像とページリンクの利用 55
　　　2-3-5　Webページに必要となる構造 61

第3章：CSSスタイル定義の基本 67
3-1　CSSスタイル定義に必要なアプリ 67
3-2　書式と記述場所 69
　　　3-2-1　基本の書式 69
　　　3-2-2　スタイル定義の記述場所 72

3-3	セレクタの種類と組み合わせ	76
	3-3-1 基本的なセレクタと適用方法	76
	3-3-2 セレクタの組み合わせ	82
3-4	プロパティの利用	85
	3-4-1 ボックスモデル	85
	3-4-2 値の種類、単位	89
	3-4-3 代表的なプロパティ：テキスト	95
	3-4-4 代表的なプロパティ：ボックス	100
	3-4-5 代表的なプロパティ：背景	113
	3-4-6 代表的なプロパティ：幅・高さ・表示	117
3-5	スタイルの継承と優先順位	123
	3-5-1 スタイルの継承	124
	3-5-2 スタイル競合時の優先順位	126
3-6	スタイル設定を試してみる	132
	3-6-1 スタイル設定の実例	132

第4章：HTML学習の次のステップに向けて 139

4-1	HTML仕様のバージョンについて	139
	4-1-1 HTML 4.01	140
	4-1-2 XHTML 1.1	141
4-2	HTML書式とXHTML書式	142
	4-2-1 XML宣言と文字コードの指定	142
	4-2-2 大文字・小文字の区別	142
	4-2-3 空要素の記述	142
	4-2-4 属性の指定	143
	4-2-5 html要素での指定	144
4-3	ビデオ、音声の利用	144
	4-3-1 ビデオ：video要素	145
	4-3-2 音声：audio要素	146
4-4	サーバー、アクセスの概要	147
4-5	マークアップの「正解」	149

第5章：CSS学習の次のステップに向けて 150

5-1	CSSのバージョンとCSS 3モジュール	150
	5-1-1 CSSのバージョンについて	151
	5-1-2 CSS 3のモジュール	153
5-2	主要なレイアウト手法	155

5-2-1	固定幅レイアウト	155
5-2-2	リキッドレイアウト／フレキシブルレイアウト	156
5-2-3	グリッドレイアウト／可変グリッドレイアウト	157
5-2-4	レスポンシブWebデザイン	158

著者紹介 161

第1章：今、HTML＆CSSを考える

1-1　HTMLとCSSの概要

HTMLはHyperText Markup Languageの略称です。

本書を読んでみようと思われた方なら、HTMLがWebページ（≒HTMLファイル）を制作する際に使われる言語であることをご存知かもしれません。

事実、HTMLは1990年代にインターネットが一般に広がり始めた当初、Webページを制作するための言語として登場しました。

その後HTMLは、実際の利用状況に応じて少しずつ改良が加えられるとともに、役割や用途も変化してきています。

CSSはCascading Style Sheetsの略称で、HTMLでマークアップされたWebページの見た目を制御するための言語です。

Webの黎明期には、基本的なWebページはHTMLだけで制作されていましたが、後に見た目に関する部分はHTMLとは切り離して、CSSで制御するようになりました。その意味でCSSはHTMLと共にWebページを制

作するための柱と考えられます。

　以下、HTMLやCSSの特徴や役割について確認していきます。

1-2　HTMLとCSSの特徴

　ここではHTMLとCSSの特徴について紹介します。

　一言で「特徴」と言っても、視点や尺度によってさまざまなものがあります。ここではHTMLやCSSが世界で広く普及したポイントと言える部分を取り上げます。

　両者に共通する特徴などもあるので、整理して紹介します。

1-2-1　HTMLの特徴

　まずはHTMLの特徴を紹介します。

■ハイパーリンクが使えること

　HTMLはあるWebページと他のWebページをリンクできます。このようなWebページ間のリンクをハイパーリンク、あるいは単にリンクと呼びます。

●他のページへのリンク

パソコンやスマホなどでWebページを閲覧することは今やごく普通のことになっています。本書を読んでいる皆さんも、あるWebページを閲覧し、そこにリンクされている他のページに遷移した経験があることでしょう。

このようにあるWebページから別のWebページに、あるいは別のサイトにリンクできるのは、優れた実用性を伴う大きな特徴であると言えます。

ハイパーリンクにより、関連する情報を掲載した他のサイトやWebページに遷移でき、より豊富な情報にスムーズにアクセスできます。

1-2-2　HTMLとCSSに共通する特徴

以下は、HTMLとCSSの共通する特徴です。

■テキストベースであること

HTMLファイルの内容はテキストデータに「タグ」と呼ばれるマークを追加したものなので、テキストエディタで制作・編集できます。

Webブラウザには、閲覧しているWebページのソースを表示する機能があります。「ソース」とはHTMLが記述されたHTMLファイルに記載されているHTMLコードのことです。制作者は、気に入ったWebページのソースを見て参考にすることもできるのです。

CSSも同様にテキストベースのデータです。

CSSもWebブラウザのソースを表示する機能で、閲覧しているWebページのCSSを見ることができます。

CSSはHTMLファイル内に記述したり、CSS用の別ファイルに記述しますが、どちらの場合でもテキストエディタで制作・編集できます。

Macなら「テキストエディット」、Windowsなら「メモ帳」が元からインストールされていますので、これらのアプリでHTMLファイルやCSSファイルを作成できます。

●Macの「テキストエディット」

●Windowsの「メモ帳」

　OS純正のテキストエディタ以外にも、さまざまなテキストエディタがサードパーティからリリースされています。

　サードパーティ製のテキストエディタにはHTMLやCSSの制作・編集に便利な機能を含むものも少なくありません。また、HTMLやCSSの制作・編集を主目的としたテキストエディタもあります。これらについては第2章の「HTMLファイルの制作に必要なアプリ」で改めて紹介します。

　HTMLやCSSの書式についても第2章で解説していきます。ここではまずHTMLもCSSもテキストデータであり、特別な開発環境や特定のアプリなどは必ずしも必要ではなく、一般的なテキストエディタで制作できるということを覚えておいてください。

■Webの標準技術であること

HTMLもCSSもWorld Wide Web Consortium（ワールド・ワイド・ウェブ・コンソーシアム）、略称W3C（ダブリュースリーシー）という非営利団体によって仕様が策定されています。

W3Cは特定企業が運営するのではなく、世界中の多くの企業や団体がメンバーとして参加しています。また、策定された仕様はW3CのWebサイトで公開されていて誰でも自由に閲覧できます。

このようなことから、W3Cによって策定された仕様はWeb標準として認知され、広く長く使える信頼性の高いものとなっています。

ここで挙げたような特徴すなわち、便利であり、安価に制作でき、広く長期に渡って有効に利用できる、といった点がHTMLやCSSなどのWeb標準技術の強みであると言えます。

1-3　HTMLの役割

インターネットの利用が一般に広がり始めた1990年代半ばには、ほとんどのWebページはHTMLのみで制作されていました。

この頃のWebページは、「見た目の帳尻が合えばいい」という意識が強く、大見出し、小見出しなどのページ内で重要性の高いテキストは、色や大きさを変化させることでそれが大見出しや小見出しであることを表現するサイトが一般的でした。

●見出しを色やサイズで表現

　見た目には問題ないかもしれませんが、データ的にその部分が見出しであるという情報はありません。

　また、HTMLは精緻なレイアウトを行うには力不足でした。それをどうにかするための方便として、当時は表組み（テーブル）用のタグを使いました。

　表組みではセルの結合やサイズ指定ができるので、罫線を非表示にした上でレイアウト用の枠として使う手法が主流になりました。

　このようなレイアウト手法を"テーブルレイアウト"と言います。

●テーブルレイアウト（表を利用したレイアウト）のイメージ

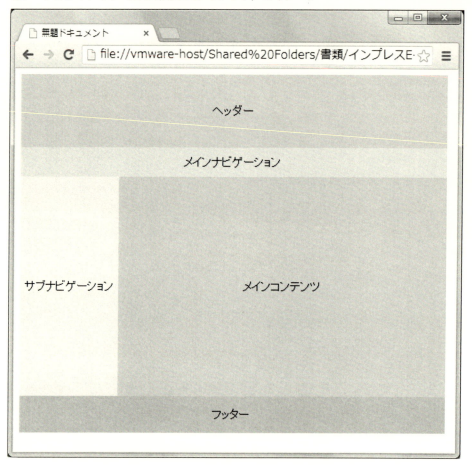

　見出しを色やサイズを変えて表現するのも、表組みをレイアウト用に使うのも、見た目の結果しか考慮しておらず、文書データとしては合理的なものとは言えません。

　例えば、文字サイズを大きくして色を変えてある箇所がすべて見出しであるとは限りません。それが見出しであるということは、それを見る人間の経験で判断できるに過ぎません。

　HTMLには見出しであることを定義するタグがあるので、本来それを使うのが適切なのですが、Webの黎明期には最終的な見た目に重きが置かれ

ていたので、本来使うべきタグが適切に使われないことが少なくありませんでした。

　表組みをレイアウトに使うのも適切な使い方ではありません。表組みは表を作るために使うのが適切な使い方です。

　文書データとして適切でないものは、仮に人間が閲覧する分には問題がなくても、プログラムで処理する場合に不都合が出ることがあります。

　例えば検索エンジンのプログラムでは、Webページ内で見出しとして定義された部分を重視します。

　見た目だけを意識したWebページと、見出し用のタグを使って見出しを適切に定義したWebページでは、検索エンジンでの「検索されやすさ」が変わってきます。

　また、視覚障害のある方が使われる合成音声による読み上げプログラムでも、見出しを始めとする文書構造が適切に定義されているWebページでは、箇所に応じて読み上げの音声を変えるなど、プログラム的な処理が行われることがあります。

　他にもWebページがプログラム的に扱われるケースが増加し、最終的な見た目の帳尻合わせを重視するだけでは不十分になっていきました。

　そこで2000年代に入ると、文書データの合理性を保持するために、文書の構造と見た目を分けて管理する考え方が主流になっていきました。

　それは具体的には、文書構造の定義をHTMLで行い、レイアウトを始めとする見た目の調整をCSS（カスケーディング・スタイル・シート：Cascading Style Sheets）で行う、ということです。

●HTMLによる見出しの設定イメージ

①HTMLのみ

大見出し
小見出し

HTMLでサイズ、色を変更し、読者に見出しとして認識してもらう。

●HTML + CSSによる見出しの設定イメージ

②HTML + CSS

大見出し
小見出し

HTMLで見出しとしてマークし、CSSで見出し部の見た目を指定する。

　　見た目にはどちらの手法も大きな違いはありませんが、HTML + CSSのほうはデータに見出しであるという情報が明確に含まれます。
　　このような手法の変化は、HTMLの役割は"Webページを制作する"から"Webページの構造を定義する"に変わっていったことを意味します。

この間のHTMLの役割の移行は、Webブラウザの進化と大きな関係があります。

　1996年にはCSSの最初の仕様であるCascading Style Sheets, level 1（CSS1）が勧告されていましたが、主要ブラウザの実装状況が思わしくなくすぐに利用されることはありませんでした。

　その後、CSSはより高度かつ便利な新たな仕様であるCascading Style Sheets, level 2（CSS2）が1998年に策定され、ブラウザでCSSの実装が進むにつれて本格的にHTMLとCSSの役割分担が進んでいきました。

　近年はHTMLの役割に新たな変化が起こり始めています。

　その変化を象徴するキーワードは電子書籍です。

　2012年の夏以降、楽天Kobo、Amazon Kindleといった電子書籍ストアがオープンしました。これら以前にも大手メーカーの電子書籍ストアは存在していましたが、従来の電子書籍ストアでは特定企業が提供する形式で電子書籍を扱っていました。

　しかし楽天KoboはEPUB（イーパブ）という、電子書籍の世界的な業界標準形式を採用したことが目新しい点でした。

　EPUBはInternational Digital Publishing Forum（略称IDPF）という標準化団体が策定している形式で、電子書籍のコンテンツ部分にHTMLを採用しています。

　Amazon Kindleが扱っている電子書籍はEPUBではありませんが、内部的に類似点の多い形式で、その多くがEPUBから変換して作られています。

　さらにAppleのiBooks Store、GoogleのPlayブックスなど、大手の電子書籍ストアがEPUBを採用しています。

　そのような状況の中、今後は紙の書籍が出版される際に電子版もリリースされることが増えてくるでしょう。さらには、既刊本の電子化や電子版のみのリリースなど、電子書籍の点数は飛躍的に伸びてくると思われます。

　このような状況から、HTMLの役割は"Webページの構造を定義する言語"というだけでなく、Webページや電子書籍を含む"デジタル文書の構

造を定義する言語"に変わってきていると言えます。

　少し話がそれますが、ワープロソフトや表計算ソフトなどのファイル形式も、そのワープロソフトでしか扱えないバイナリ形式のものから、XML形式を利用したものに移り変わってきています。

　XMLはHTMLと親戚関係にある形式で、W3Cによって勧告されたテキストベースのマークアップ言語です。

　このようにアプリケーションのファイル形式も、特定企業の内部でしか使用できないバイナリ形式から、オープンな仕様を利用する方向性に移り変わっています。

　このように、Webページはもとより電子書籍やデジタル文書の多くがオープンな仕様のマークアップ言語を採用するようになっている大きな理由には、多くのサービスやアプリで相互に利用しやすく、特定の企業やアプリへの依存度を減らすことで長期的に利用することが容易になることが挙げられます。

●独自形式のファイルは相互運用性が低い

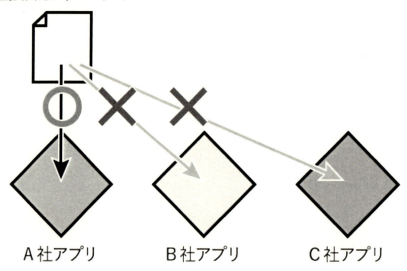

●オープンな形式のファイルは相互運用性が高い

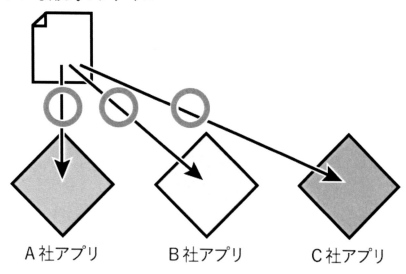

1-4 CSSの役割

　CSSの役割は既に述べたように、Webページの見た目を制御することです。この辺りをもう少し詳しく見ていきましょう。

1-4-1　CSSの具体的な役割

■サイト管理の効率化

　Webページに代表されるHTMLドキュメントでは文書の構造を明確にすることが重視されます。

　「文書の構造」とは、見出し、本文、引用部、箇条書き、表組などの、コンテンツ各部の役割のことです。

文書の構造がHTMLの各要素により適切に定義されることによって、プログラムから構造を識別し扱えるようになります。

　Webの黎明期（大まかに1990年代）は、文書構造だけでなく、見た目の制御もHTMLで行っていました。

　例えば、文字の表示スタイルは次のようにfont要素というHTMLのマークを使って指定していました。

●HTMLの例：font要素による文字スタイル

```
<h1><font size="+2" color="#F00">大見出し</font></h1>
<h2><font size="+1" color="#C00">小見出し1</font></h2>
<p>本文・・・・・・・・・・・・・・</p>
<h2><font size="+1" color="#C00">小見出し2</font></h2>
<p>本文・・・・・・・・・・・・・・</p>
```

●ブラウザでの表示結果

大見出し

小見出し1

本文・・・・・・・・・・・・・・・・

小見出し2

本文・・・・・・・・・・・・・・・・

　本書ではまだHTMLの記述について触れていないので少し説明します。

<h1>は大見出し（最も重みのある見出し）を定義するためのHTMLのマークです。<h1>から</h1>の間に含まれる内容が大見出しとしてWebブラウザに認識されます。

　このような山型カッコ（< >）で囲まれたマークのことをHTMLでは"タグ"と呼び、タグで囲まれた範囲のことを要素と呼びます。前述のfont要素という呼び方は、fontタグで囲まれた範囲を示しています。

　font要素にはsizeとcolorという追加情報が設定されています。このような追加情報のことを"属性"と呼びます。

　size属性では表示される際の文字サイズを、color属性では文字色を指定できます。

　h2タグはh1タグの次に大きな扱いの見出しを意味します。やはり<h2>から</h2>の間に含まれる内容が2番めの重みを持つ見出しとしてWebブラウザに認識されます。

　同様にpタグは段落を意味します。

　なおHTMLの記述については第2章「HTMLマークアップの基本」で改めて触れます。

　font要素は1999年に勧告されたHTML 4.01 StrictやHTML 4.01 Strictを元に作成されたXHTML 1.0 Strict以降では廃止されています。font要素のように見た目を制御するためのHTML要素は廃止（あるいは意味を変更）され、その役割はCSSに移行したのです。

　このfont要素を使った古い表示スタイルの指定方法の欠点を、以下に紹介しておきます。

　この例では小見出し（h2要素）が2つあり、それぞれfont要素に同じ設定を指定することで小見出しとしての見た目を揃えています。

　しかし、小見出しごとに同じ設定のfontタグを記述するのは非効率的です。HTMLファイルのデータ容量が増大する要因となるほか、小見出しの見た目を変更する場合に、全ての小見出しに設定されているfontタグを全て修正する必要があります。

HTMLは構造の定義に特化して見た目の制御はCSSで行うようにすると、このような非効率さを解消できます。

CSSの書式や記述場所等については後述しますが、まずは以下の例（HTMLとCSSによる設定）をご覧ください。

●HTMLの例：HTMLによる文書構造のみのマークアップ

```
<h1>大見出し</h1>
<h2>小見出し1</h2>
<p>本文・・・・・・・・・・・・・・・</p>
<h2>小見出し2</h2>
<p>本文・・・・・・・・・・・・・・・</p>
```

●CSSの例：CSSによる見出しのスタイル定義

```
h1 {
    font-size: 1.5em;
    color: #F00;
}
h2 {
    font-size: 1.2em;
    color: #C00;
}
```

●ブラウザでの表示結果

大見出し

小見出し1

本文・・・・・・・・・・・・・・・・・

小見出し2

本文・・・・・・・・・・・・・・・・・

　表示結果は、font要素で見た目を制御したHTMLのみのものと大差ないことが分かります。

　こちらの例では、HTMLでは構造の定義のみを行い、見た目の制御はCSSで行っています。CSSではh1要素とh2要素のスタイルを定義し、それぞれ文字サイズ（font-size）と文字色（color）の指定を行っています。

　このようにCSSでHTML要素のスタイルを定義すると、その要素全てに自動的に表示スタイルが適用されます。

　この例の場合、小見出しのh2要素がいくつあってもCSSで定義したスタイル1か所で見た目を管理できるので、font要素で表示スタイルを定義するのに比べて管理が容易になります。

　また、HTMLがシンプルになり、文書の構造が分かりやすくなっています。

　さて、CSSの役割は「HTML文書の見た目を制御すること」ですが、それにより実現できることを少し踏み込んで考えてみます。

■アクセシビリティの向上

　「アクセシビリティ」とは、コンテンツの全ての利用者がその情報や機能

を享受できること、を表します。

　アクセシビリティ向上の具体例としては、視覚障害のある方のために読み上げブラウザやスクリーンリーダーで適切に読み上げられるように設定する、色覚障害のある方でも見やすい色使いをする、視力の弱い方のことを想定してデフォルトの文字サイズを大きめにする、マウスやトラックパッドの操作が困難な方のためにキーボードでの操作を可能にする、などが挙げられます。

　これらはHTML、CSS、Webブラウザの機能などで総合的に実現しますが、色や文字サイズに関する部分などCSSで対応できる部分も少なくありません。

■使い勝手の向上

　コンテンツの使いやすさ、読みやすさを向上させるのにもCSSは役立ちます。このような使い勝手のことを「ユーザビリティ」と呼ぶこともあります。

　例えば、行間が狭すぎたり、1行の文字数が多すぎたりすると文章が読みにくくなります。

　また、リンクボタンのサイズが小さいと操作が行いにくくなります。これはスマートフォンのようなタッチデバイスで特に注意すべき点です。タッチデバイスでは主に指を使って操作するため画面が隠れてしまうことが多く、パソコンのマウスカーソルによる操作に比べると細かな操作が難しいためです。

　他にも、関連性のある情報に同系統の色を使うなど色を効果的に使ったり、レイアウトを工夫したりすること等でコンテンツを利用しやすくすることができるでしょう。

■優れたビジュアルデザインの提供

　視覚的にスマートな印象を与えるWebサイトは、ユーザーの体験を向上させることができます。

ただしそれは、アクセシビリティや使い勝手に関する配慮を伴ってこそのものです。

　かつては画像を使って表現してきた、角丸やドロップシャドウなどもCSSで表現できるようになってきています。画像ファイルをわずかなコードで置き換えられるため、データ容量を抑えることに繋がります。

　また、企業などのサイトであれば、その企業のイメージを反映したビジュアルデザインを構築することで、企業への理解や親しみを向上させることができます。

　利用者への配慮をした上で、優れたビジュアルデザインを提供しユーザーの体験を豊かにすることもCSSで実現できることの1つです。

1-5　CSSの利用範囲の広がり

　CSSの「Webページの見た目を制御する」という役割は、その範囲を広げています。

　ここでは、近年重要性が急速に高まったスマホ対応に関するものとして複数デバイスへの対応と、新たなメディアである電子書籍での利用について紹介します。

1-5-1　デバイスに応じたCSSの切り替え

　CSSではコンテンツを表示するデバイスに応じて、スタイルを切り替える仕組みが用意されています。

　本書ではこの辺りを詳細に扱いませんが、CSSの特徴ということで概要を紹介しておきます。

　デバイスに応じたスタイルの切り替えとは、一般的なデスクトップPC用にはスタイルAを適用し、プリンタ（印刷）用にはスタイルBを適用する、といった使い分けができるということです。

振り分けに指定できる種類は他にテレビ、点字ディスプレイ、読み上げ環境などさまざまなものがあります。

　この仕組みは2011年6月に勧告されたCascading Style Sheets Level 2 Revision 1（CSS 2.1）内の「Media types」という項で定義されています。

　さらに、仕様がモジュール化されたCascading Style Sheets Level 3（CSS 3）では、拡張された単独のモジュール「Media Queries」として2012年6月に勧告されました。

　Media Queriesでは表示環境の幅や高さ、縦横比、解像度、色数などを条件にスタイルを切り替えることができるようになっています。

　近年、スマートフォンやタブレットPCなど、サイズの異なるデバイスに対応するために利用されるWebサイトの制作手法である「レスポンシブWebデザイン」は、Media Queriesを利用して表示幅によってレイアウトを切り替えるアプローチです。

1-5-2　Webページと電子書籍のスタイル

　ここ数年で、電子書籍の流通が始まり徐々に盛んになってきています。

　近年の電子書籍市場ではEPUB 3という電子書籍の標準フォーマットが使われています。

　EPUB 3は書籍のコンテンツ本編をHTML形式で持っていて、見た目の制御にはCSSを利用しています。データの形式はWebと一緒ですが、CSSを使った見た目の制御についてはWebと電子書籍で異なる部分が少なくありません。

　まず、レイアウトを構成する要素の違いが挙げられます。Webではメインコンテンツ部以外に、ロゴ、バナー、ナビゲーションなどを含むヘッダー部、サブナビゲーション部、権利表記や問い合わせ先などを含むフッター部などがあるのに対し、電子書籍ではメインコンテンツ部しかありません。

　コンテンツ部の見た目の制御についても、いくつか特徴的な違いがあります。

Webではサイト制作者が見た目の表現や操作系（メニューの位置やボタンのサイズなど）を自由に決めていますが、電子書籍では基本の文字サイズなどは電子書籍のリーダーアプリに委ねるのが一般的です。

　電子書籍では文字サイズは読者が自分で読みやすいサイズに調整しますが、書籍ごとに基本の文字サイズが異なると、文字サイズの調整も書籍ごとに行うことになり不便だからです。

　また、Webでは縦書きを利用しているサイトはあまり見かけませんが、電子書籍では縦書きが使われることが少なくありません。Webの世界では横書きが一般的なものとして認知されているのに対し、電子書籍では印刷物のイメージが強く残っているためです。

　EPUBの仕様を策定しているのはIDPF（International Digital Publishing Forum）という非営利団体です。IDPFとW3Cは協力関係にあり、Webの各仕様も電子書籍や印刷物の組版まで視野に入れた内容が検討されるようになっています。

　事実、紙の書籍の組版データもHTML＋CSSで制作する事例も登場してきています。組版データをHTMLとCSSで制作することで、印刷物と電子書籍を同時にリリースすることが可能になるからです。CSSの表現力が高まるにつれて、この動きは加速していくことでしょう。

　2016年5月にはW3CとIDPFが統合する計画があることも発表されました。今後はWebと電子出版の境界も徐々に少なくなっていくのかもしれません。

第2章：HTMLマークアップの基本

2-1　HTMLの書式

　既に記述してきた通り、HTMLは文書の構造を定義するための言語です。

　文書の構造とは、見出し、本文、箇条書き、表組み、引用部分といったものです。

　Webページであれば、さらにヘッダー、ナビゲーション、フッターなども入ってくるでしょう。

　さて、ここではシンプルに見出しと本文だけをピックアップして考えてみます。

　例えば、会社案内の事業内容のページを例に考えてみます。既に第1章でも似た例を紹介しているので、思い出しながら御覧ください。

　この会社は仮に、3つの事業を行っているものとします。

●事業内容ページイメージ

事業内容

事業全体の概要紹介文・・・・・・・・・・・・・・・・・・・

事業１

事業１の概要紹介文・・・・・・・・・・・・・・・・・・

事業２

事業２の概要紹介文・・・・・・・・・・・・・・・・・

事業３

事業３の概要紹介文・・・・・・・・・・・・・・・・・

　まず、そのページが会社の事業紹介のページであることを示す「事業内容」という文字が一番の大見出しとして考えられます。大見出しの下には、事業全体の概要を簡単にまとめた文章を配置します。

　さらに３つの事業について、事業名と事業に関する概要の文章をそれぞれ配置します。なお、事業名は小見出しとして扱います。

　HTMLはタグと呼ばれる書式でコンテンツをマークしていきます。

　まず、事業内容のページをシンプルにマークアップした例を見てみましょう。

●事業内容ページのマークアップ例

```
<h1>事業内容</h1>
<p>事業全体の概要紹介文・・・・・・・・・・・・・・・・・・・</p>
<h2>事業1</h2>
<p>事業1の概要紹介文・・・・・・・・・・・・・・・・・・</p>
<h2>事業2</h2>
```

```
<p>事業2の概要紹介文・・・・・・・・・・・・・・・・・・・・・</p>
<h2>事業3</h2>
<p>事業3の概要紹介文・・・・・・・・・・・・・・・・・・・・・</p>
```

このコード中の「<○○>」の形で記述されている部分がHTMLの"タグ"です。○○に指定する語によってタグの意味が決まります。

以下、この例で使われているタグをかいつまんで説明します。

<h1>は1番大きな見出しを定義するためのタグ（以下、「h1タグ」と表記します。他のタグも同様に表記します）。

h2タグは2番めに大きな見出しを定義するためのタグです。ここでは3つの事業名が並列する同レベルの項目なので、それぞれh2タグで囲んでいます。

pタグは一般に段落（paragraph）と呼ばれます。記事の本文と考えておけばよいでしょう。

2-1-1　タグの構成と書式

タグには範囲を囲んで使うタグと、単独で使うタグがあります。

ここで使っているのはすべて範囲を囲んで使うタグです。

範囲を囲むタグは「<○○>」を範囲の先頭に配置し、「</○○>」を範囲の末尾に配置します。先頭のタグを「開始タグ」、末尾のタグを「終了タグ」と呼びます。終了タグには「/」が付くことに注意してください。また、開始タグと終了タグで囲まれている部分は「内容」、開始タグから終了タグまで含めた範囲を「要素」と呼びます。それに伴って○○は「要素名」と呼びます。

●タグの構成

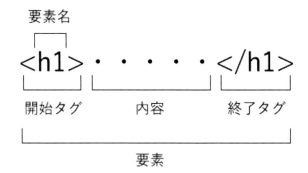

　マークアップ例では「<h1>事業内容</h1>」の部分をh1要素と呼ぶことになります。以後タグと要素という言葉を必要に応じて使い分けていきます。

　単独で使うタグとしては、画像を埋め込むためのimgタグが代表的です。単独で使うタグは終了タグは不要です。

　その他には、改行を表すbrタグもあります。HTMLではコード内で文章が改行してあってもブラウザで表示する際には改行されません。改行したい位置にbrタグを記述する必要があるのです。

　なお、タグは「<>」「/」「○○」をすべて半角文字で記述する必要があります。

●範囲を囲むタグ
<○○>・・・・・</○○>

●範囲を囲むタグの記述例
<h1>HTMLリファレンス</h1>

●単独で使うタグ
<○○>

●単独で使うタグの記述例

```
<br>
```

2-1-2　属性の書式

　　タグには追加の情報を定義する場合があります。例えば、画像を配置するための img タグでは配置する画像ファイルを指定する必要があります。また、画像が表示されない場合に、かわりに表示するテキスト（代替テキスト）を指定しておくのが一般的です。

　　このように、タグに追加する情報を「属性」といい、次の書式で記述します。

●属性の定義（上：範囲を囲むタグ／下：単独で使うタグ）

```
<○○　属性名1="値1"　属性名2="値2">・・・・・</○○>
<○○　属性名1="値1"　属性名2="値2">
```

　　例で挙げた img タグの場合、画像ファイルの指定には src 属性を、代替テキストの指定には alt 属性を指定します。

●img タグの属性の指定

```
<img src="img/chap2_title.png" alt="HTMLマークアップの基本">
```

　　src 属性では、画像ファイルのファイル名だけでなく画像ファイルの場所も指定する必要があります。ファイルの場所のことを「パス」と呼びます。パスについては、後述します。

　　この例では2つの属性を指定しましたが、タグによって記述できる属性は決まっています。タグによっては、記述しなければならない必須の属性があるものや、必要な場合にのみ記述すればよいものなどがあり、さまざまです。

属性を2つ以上指定する場合には、特に記述の順番は決まっていないので、どの順番で指定しても構いません。

2-1-3　要素の重なり

要素は入れ子状に重ねることができます。その際、外側と内側が正しく入れ子状にマークされている必要があります。

例えば、次のようなマークは適切です。

●適切な入れ子構造
```
<○○>・・・<△△>・・・・</△△>・・・</○○>
```

しかし、次のように開始タグと終了タグが互い違いになっている場合は不適切です。

●不適切な入れ子構造
```
<○○>・・・<△△>・・・・</○○>・・・</△△>
```

●入れ子状の要素の例
```
<p><strong>中火</strong>で2分間蒸し焼きにします。</p>
```

この例で使ったstrongタグはマークされた内容が重要であることを示します。

HTMLを作成していると、要素は頻繁に入れ子状になります。入れ子の階層が何段階にもなることもごく普通のことです。

HTMLのソースコードで入れ子状になった要素を改行なしに記述していくと、開始タグと終了タグの対応関係や、階層構造が分かりにくくなってきます。

HTMLを記述する場合、改行や半角スペースを使ってコードを見やすく整えるのが一般的です。

例えば、箇条書きを表す要素にul要素があります。ul要素は、箇条書きの項目であることを意味するli要素を子として持ちます。ul要素の内部には、箇条書き項目の数だけ並列にli要素が並ぶことになります。

　これを直線状に続けて記述すると、パッと見たときに構造が分かりにくくなってしまいます。

●直線状に記述
```
<ul><li>項目1</li><li>項目2</li><li>項目3</li></ul>
```

　適宜、改行と半角スペースを追加して以下のように記述しても構いません。

●改行と半角スペースを追加
```
<ul>
    <li>項目1</li>
    <li>項目2</li>
    <li>項目3</li>
</ul>
```

　このように書き換えることで、li要素がul要素の子であり、複数のli要素は並列の兄弟関係にあることが分かりやすくなります。また、開始タグと終了タグの対応関係も把握しやすくなります。

　実際にHTMLを記述する際には、もっともっと階層化された構造になってきます。

　ここで示したように、HTMLの表記はある程度の自由度があります。本書では適宜改行や半角スペースでコードを見やすく整理していきます。

　自分で記述する場合にも、読みやすい記述スタイルを模索してみるとよいでしょう。

2-2　HTMLファイルの制作に必要なアプリ

　第1章でも述べたように、HTMLファイルはテキストベースなので「テキストエディット」(Mac)や「メモ帳」(Windows)などのシンプルなテキストエディタで作成できます。

　とはいえ、これらの純正のテキストエディタはHTMLのコードを記述するための支援機能が貧弱です。サードパーティ製のテキストエディタには、HTML編集に関する補助機能が搭載されているものがあります。

　支援機能としては、タグを色分けして表示する、セミオートで終了タグを追加する、HTMLの適合性をチェックする、Webブラウザを起動して表示をチェックする、などアプリによってさまざまなものがあります。また、そのようなWeb制作を考慮したテキストエディタでは、CSSコードのための支援機能も含まれていることが少なくありません。

　以下、サードパーティ製のテキストエディタいくつか紹介します。情報は2016年10月時点のものです。ご購入の際は公式の情報をご確認ください。

- **Jedit X**
  対応プラットフォーム：Mac／価格：2,940円／開発：合資会社アートマン弐壱
  http://www.artman21.com/jp/jedit_x/
- **EmEditor**
  対応プラットフォーム：Windows／価格：年間サブスクリプション4,800円、永久ライセンス18,000円／開発：エムソフト
  http://jp.emeditor.com/
- **Sublime Text**
  対応プラットフォーム：Mac, Windows, Linux／価格：無料（継続して利用する場合にはUSD$70）／開発：Sublime HQ
  http://www.sublimetext.com/

第2章：HTMLマークアップの基本　**33**

・Edge Code CC

対応プラットフォーム：Mac, Windows／価格：無料／開発：Adobe Systems

http://html.adobe.com/jp/edge/code/

　これらとは別に、HTMLファイルの制作だけでなくWebサイトの開発・管理を行うための開発環境としてのアプリもあります。

　このようなアプリには、HTMLコードを意識せずにワープロのような操作でWebページを制作できるエディタが搭載されているものもあります。

　その他、ファイルのリンク切れをチェックしたり、完成したWebサイトを世界に公開するためにオンライン上のサーバーにアップロードする機能を備えたりと、シンプルなエディタに比べて豊富な機能を持っています。

　以下、有名な開発環境を2つ紹介します。

・Dreamweaver CC

対応プラットフォーム：Mac, Windows／価格：年間プランで毎月2,180円／開発：Adobe Systems

http://www.adobe.com/jp/products/dreamweaver.html

・ホームページ・ビルダー

対応プラットフォーム：Windows／価格：11,800円～26,500円／開発：ジャストシステム

http://www.justsystems.com/jp/products/hpb/

●Dreamweaver CC

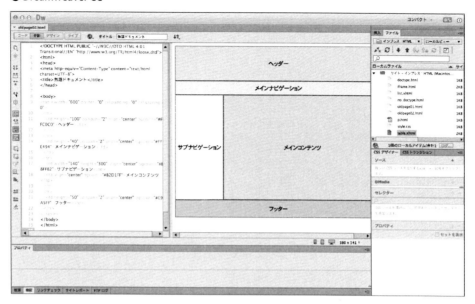

作成したHTMLファイルはWebブラウザで表示結果を確認できます。

WebブラウザはMacなら「Safari」、Windowsなら「Internet Explorer」があらかじめインストールされています。

●Macの「Safari」

●Windowsの「Internet Explorer」

　制作したHTMLファイルをとりあえず表示してみるぐらいなら、元からインストールされているWebブラウザを使えば十分ですが、最終的にWebサイトをオンライン上に公開するのであれば、ChromeやFirefoxなど複数のWebブラウザで表示を確認すべきでしょう。

　Chrome、Firefoxは以下のURLからダウンロードできます。

・Chrome
　http://www.google.com/intl/ja/chrome/browser/
・Firefox
　http://www.mozilla.org/ja/firefox/new/

2-3　基本的なHTMLファイルの制作

　これまでタグの書式について説明してきました、ここからはもう少し広げてHTMLファイルの制作について紹介します。

2-3-1 文字コード（テキストエンコード）

コンピュータのデータは数値として処理されます。文字を扱う場合もそれぞれの文字に数値を割り当てて、数値として扱っています。

文字コードとは、どの文字にどの数値が割り当てられているかのセットのことです。テキストファイルを作成する場合、保存時にどの文字コードを使用するか選択します。これはHTMLファイルを作成するときも同様です。

●Windowsメモ帳の保存ダイアログ

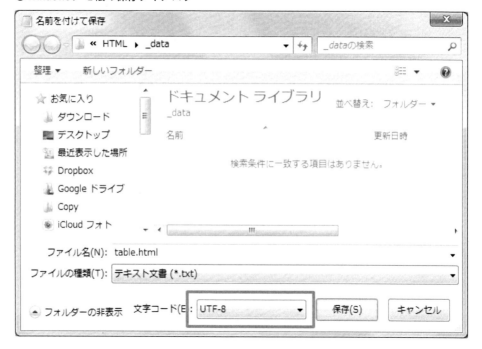

●Macテキストエディットの保存ダイアログ

　テキストファイルを開く際には、開く側のアプリでテキストファイルと同じ文字コードを扱うようにしないと文字化けすることがあります。
　HTMLファイルやWebページをWebブラウザで開く場合も同様です。WebブラウザがHTMLファイルやWebページを開いたときに文字化けするのであれば、Webブラウザの文字コードの設定を確認・変更する必要があります。

● Safariの文字コード設定

　以前は各国や地域ごとのローカルな文字コードが使われていましたが、近年では世界の文字を共通の文字コードで利用する目的で作成されたUnicode（ユニコード）が使われるようになっています。UnicodeにはUTF-8やUTF-16などの種類がありますが、一般的に多く使われるのはUTF-8です。

　HTMLファイルを作成する場合はもとより、CSSファイルを作成する場合もファイルの文字コードはUTF-8にしておくのがよいでしょう。

　なお、HTMLファイルの拡張子は「.html」か「.htm」を使います。シンプルなテキストエディタを使用すると、ファイルを保存する際に拡張子が「.txt」になることがありますが、そのまま保存して後で拡張子を「.html」か「.htm」に変更すればOKです。

2-3-2 HTMLの基本構成

HTMLにはHTMLドキュメントを構成するための基本構成があります。以下、基本構成の例です。

●HTMLの基本構成

```html
<!doctype html>
<html lang="ja">
  <head>
    <meta charset="utf-8">
    <title>ドキュメントタイトル</title>
  </head>
  <body>

  </body>
</html>
```

最初の「`<!doctype html>`」はドキュメントタイプ宣言 (Document Type Definition：DTD) と言います。

これはそのHTMLドキュメントで使用するHTMLのバージョンを示します。

この表記はHTML5というバージョンを使うことを表しています。

さて、HTML仕様にはバージョンがあります。最初のHTML仕様からバージョンを重ねるにつれ、使えるタグの種類や意味に修正・変更が加えられています。

近年ではHTML5が広く使われるようになっています。HTML5はW3Cによって2014年10月28日に勧告された仕様です。既にマイナーチェンジ版のHTML 5.1の策定も2016年9月に終えており、次のHTML 5.2仕様の草案も公開されています。

ドキュメントタイプ宣言について少し追加の説明をしておきます。

　黎明期の古いHTMLページにはドキュメントタイプ宣言は無く、ページのレイアウトもHTMLで行っていました。その当時のWebブラウザの表示解釈はW3Cの標準に沿ったものではありませんでした。

　その後CSSをサポートするWebブラウザが増えると、表示の解釈も仕様に沿ったものになっていきました。

　ですが、Webブラウザの表示解釈が変更されると、それ以前に作成したWebページの表示に不都合が出てしまいます。

　そこで多くのWebブラウザではドキュメントタイプ宣言の表記によって、W3Cの標準に基いた解釈（標準モード）と旧来の解釈（互換モード）を制作者が選べるようになっています。特にInternet Exprolerで標準モードと互換モードの表示の差異が大きく、この設定は重要なものでした。

　これからHTMLを学習するのであれば、表示モードを意識することすらなく標準モードで制作していくことができます。

　ドキュメントタイプ宣言に続くhtml要素はHTMLドキュメントの最上位階層を表します。lang属性はドキュメントの言語を表します。lang属性を設定しておくことは、翻訳プログラムや読み上げプログラムなどがドキュメントを適切に扱うために役立ちます。

　html要素の中にはhead要素とbody要素が同階層に配置されています。

　head要素にはドキュメントのメタデータ（関連情報など）を定義します。

　メタデータとしては多様な情報を定義できますが、このサンプルでは1つめにmeta要素でドキュメントの文字コード（この例ではUTF-8）を指定しています。

　2-3-1「文字コード（テキストエンコード）」で触れたように、HTMLファイルを作成する際は文字コードをUTF-8で作成するのが一般的です。その上でドキュメント内でUTF-8を使用していることを明示しておきましょう。

　もう1つのメタデータは、title要素で定義したドキュメントタイトル

第2章：HTMLマークアップの基本　**41**

です。ドキュメントタイトルは、Webページをブックマークしたときの名前として使われる他、視覚障害のある方が使われる読み上げアプリでも最初に読み上げられる内容になります。

そのためドキュメントタイトルはどのWebサイトのどのページかが分かるように「ページタイトル- カテゴリ名- サイト名」のような形にしておくことが望ましいです。

「サイト名- カテゴリ名- ページタイトル」のような順にすると、ブックマークしたときにページタイトルが表示しきれずそのページ固有のタイトルが分からなくなったり、読み上げアプリで読み上げられる際にページタイトルが読み上げられるまで時間がかかってしまったりするためです。

body要素の中にはWebブラウザで表示される、コンテンツの本体を定義していきます。これまで触れてきた、見出しや本文（段落）などの「文書の構造」を定義するというのは、このbody要素内でのことです。

次項では、このbody要素内でのコンテンツの定義について触れていきます。

2-3-3　コンテンツの基本的な構造の定義

body要素内でコンテンツの構造を定義する際によく利用される代表的な要素を紹介します。既に登場したものもありますが、改めて確認してください。

■見出し：h1〜h6要素

見出しのランクを表します。h1が最も高いランクを表し、h6が最も低いランクを表します。

●見出しの定義例
```
<h1>HTMLのマークアップ</h1>
```

■段落・本文：p要素

　段落を表します。一般的にはコンテンツの本文をマークするために使われますが、必ずしもその用途に限定されるわけではありません。

●段落の定義例
```
<p>HTMLはコンテンツの役割を定義するための言語で、テキストエディタで編集
できます。</p>
```

■順番不問の箇条書き：ul要素、li要素

　ul要素とli要素を組み合わせて、箇条書きを表します。li要素はul要素の子要素として記述し、箇条書きの項目となります。ul要素による箇条書きは、並び順を問わない場合に使用します。

●順序不同の箇条書きの定義例
```
<ul>
  <li>ピアノ</li>
  <li>バイオリン</li>
  <li>ホルン</li>
  <li>オーボエ</li>
</ul>
```

　Webブラウザでは項目のマーカーとして通常「・」が表示されます。

●順序不同の箇条書きの表示例

- ピアノ
- バイオリン
- ホルン
- オーボエ

■順番づけされた箇条書き：ol要素、li要素

ol要素とli要素を組み合わせて、順番づけされた箇条書きを表します。書式的にはol要素と同様で、箇条書きの項目となるli要素はol要素の子要素として記述します。

●順番づけされた箇条書きの定義例

```
<ol>
   <li>目次</li>
   <li>序文</li>
   <li>本文</li>
   <li>まとめ</li>
</ol>
```

Webブラウザでは項目のマーカーとして「1.」「2.」などの整数が表示されます。

●順番づけされた箇条書きの表示例

```
1. 目次
2. 序文
3. 本文
4. まとめ
```

　ol要素ではreversed属性、start属性、type属性などの属性が使えます。

　reversed属性を設定すると、番号の表示を降順（逆順）に表示できます。reversed属性は降順表示を有効にするか無効のままかの2種類だけです。このようなタイプの属性を論理属性と呼びます。

　論理属性は有効にしたい場合にのみ属性を記述します。記述方法はやや特殊で次のいずれかになります。

●論理属性の設定書式

<○○　属性名>……

<○○　属性名="">……

<○○　属性名="属性名">……

　start属性は順番表示の最初の番号を指定できます。指定する値は整数でなければなりません。

　type属性はマーカーの表示を指定できます。指定できる値とマーカー表示は次の通りです。

第2章：HTMLマークアップの基本 | 45

●type属性の値とマーカー表示

値	マーカー表示
1	「1.」「2.」「3.」…
a	「a.」「b.」「c.」…
A	「A.」「B.」「C.」…
i	「i.」「ii.」「iii.」…
I	「I.」「II.」「III.」…

　　これらの属性を適用した例を以下にいくつか紹介します。参考にしてください。

●マーカーを変更した例

```
<ol type="a">
    <li>誕生</li>
    <li>成長</li>
    <li>老化</li>
    <li>死亡</li>
</ol>
```

●マーカーを変更した表示例

a. 誕生
b. 成長
c. 老化
d. 死亡

●開始番号を2に変更した例

```
<p>日本人の死亡原因の1位はガンです。</p>
<p>2位以下は次の通りです。</p>
<ol start="2">
    <li>心疾患</li>
    <li>脳血管疾患</li>
    <li>肺炎</li>
    <li>老衰</li>
    <li>不慮の事故</li>
</ol>
```

●開始番号を2に変更した表示例

日本人の死亡原因の1位はガンです。
2位以下は次の通りです。
  2. 心疾患
  3. 脳血管疾患
  4. 肺炎
  5. 老衰
  6. 不慮の事故

●番号表示を逆順にし、開始番号を6に変更した例

```
<ol reversed start="6">
    <li>不慮の事故</li>
    <li>脳血管疾患</li>
    <li>老衰</li>
    <li>肺炎</li>
```

```
  <li>心疾患</li>
</ol>
<p>日本人の死亡原因の1位はガンです。</p>
```

●表示を逆順にし、開始番号を6に変更した表示例

> 6. 不慮の事故
> 5. 脳血管疾患
> 4. 老衰
> 3. 肺炎
> 2. 心疾患
> 日本人の死亡原因の1位はガンです。

■記述リスト：dl要素、dt要素、dd要素

　dl要素とdt要素、dd要素を組み合わせて記述リストを定義します。記述リストとは「項目名と値」で構成されるグループのリストです。

　項目はdt要素で、値はdd要素で定義します。いずれもdl要素の子要素として並べて記述します。

　「項目名と値」以外にも「質問と回答」「用語と説明文」のような対応関係も定義できます。もちろんそれ以外にもさまざまな対応関係を定義することができます。

●記述リストの定義例

```
<dl>
  <dt>タイトル</dt>
  <dd>吾輩は猫である</dd>
  <dt>著者</dt>
```

```
  <dd>夏目漱石</dd>
  <dt>発行</dt>
  <dd>○○出版</dd>
</dl>
```

●記述リストの表示例

```
タイトル
        吾輩は猫である
著者
        夏目漱石
発行
        ○○出版
```

■表組み：table要素、tr要素、th要素、td要素

　table要素とtr要素とth要素とtd要素を組み合わせて基本的な表組みを定義できます。

　table要素は表組みの範囲全体を表します。table要素内では、tr要素で1行分の範囲を定義します。tr要素内では1行分のセル（表の1マス）をth要素またはtd要素で定義します。th要素とtd要素の違いは、th要素が見出し用のセルでありtd要素が通常のセルを表します。

　基本的にtr要素内のセル数はすべての行で一致させる必要があります。

●表組みの定義例1

```
<table>
  <tr>
    <th>順位</th>
    <th>タイトル</th>
    <th>著者</th>
```

第2章：HTMLマークアップの基本 | 49

```
    </tr>
    <tr>
      <th>1位</th>
      <td>○○○</td>
      <td>AAA</td>
    </tr>
    <tr>
      <th>2位</th>
      <td>□□□</td>
      <td>BBB</td>
    </tr>
    <tr>
      <th>3位</th>
      <td>△△△</td>
      <td>CCC</td>
    </tr>
</table>
```

この場合4行3列の表組みになります。

●表組みの表示例1（※定義例のHTML
コードでは罫線は表示されませんが、
構造を分かりやくするため罫線つきの
イメージを掲載しています）

順位	タイトル	著者
1位	○○○	AAA
2位	□□□	BBB
3位	△△△	CCC

　状況によっては、セルを横や縦に繋げる必要性も出てきます。
　セルを横に繋げる場合には、th要素、td要素にcolspan属性を追加
します。値には結合したいセル数（自セルを含めた数）を指定します。
　縦に繋げたい場合には、th要素、td要素にrowspan属性を追加します。
　colspan属性やrowspan属性を記述した場合、結合されるセルの要
素は定義する必要はありません。
　以下、前述の表組みのいくつかのセルを結合した例です。
　コード例と表示例を参考に構成を確認してください。

●表組みの定義例2

```
<table>
  <tr>
    <th>順位</th>
    <th>タイトル</th>
    <th>著者</th>
  </tr>
  <tr>
    <th colspan="3">小説</th>
```

第2章：HTMLマークアップの基本　51

```
    </tr>
    <tr>
      <th>1位</th>
      <td>○○○</td>
      <td>AAA</td>
    </tr>
    <tr>
      <th>2位</th>
      <td>□□□</td>
      <td>BBB</td>
    </tr>
    <tr>
      <th>3位</th>
      <td>△△△</td>
      <td>CCC</td>
    </tr>
    <tr>
      <th colspan="3">エッセイ</th>
    </tr>
    <tr>
      <th rowspan="2">1位</th>
      <td rowspan="2">□□□</td>
      <td>DDD</td>
    </tr>
    <tr>
      <td>EEE</td>
    </tr>
```

```
  <tr>
    <th>2位</th>
    <td>◇◇◇</td>
    <td>FFF</td>
  </tr>
  <tr>
    <th>3位</th>
    <td>▽▽▽</td>
    <td>GGG</td>
  </tr>
</table>
```

●表組みの表示例2（※本来罫線は表示されませんが、構造を分かりやくするため罫線つきのイメージを掲載しています）

順位	タイトル	著者
小説		
1位	○○○	AAA
2位	□□□	BBB
3位	△△△	CCC
エッセイ		
1位	□□□	DDD
		EEE
2位	◇◇◇	FFF
3位	▽▽▽	GGG

　このような場合でも、縦横のセルの数に不整合（繋げられた分のtd要素やth要素を記述してしまっているなど）が生じないよう注意してください。

■引用：blockquote要素

　blockquote要素は他の情報源からの引用を表します。

　情報源をURLで指定できる場合、cite属性にそのURLを指定します。

●引用の定義例

```
<p>以下は夏目漱石の「吾輩は猫である」の冒頭である。</p>
<blockquote
```

```
cite="http://www.aozora.gr.jp/cards/000148/files/
789_14547.html">
  <p>吾輩は猫である。名前はまだ無い。</p>
</blockquote>
<p>このあまりに有名な冒頭は…</p>
```

●引用の表示例

以下は夏目漱石の「吾輩は猫である」の冒頭である。

　　吾輩は猫である。名前はまだ無い。

このあまりに有名な冒頭は…

　blockquote要素は、一般的なWebブラウザでは字下げして表示されます。

　構造を定義するための要素は他にもいろいろありますが、ここまでで紹介した要素は最も利用頻度の高い部類のものなので、優先して覚えておくとよいでしょう。

2-3-4　画像とページリンクの利用

　HTMLファイルに画像を埋め込む場合、画像ファイルの場所を指定します。

　あるHTMLファイルに他のHTMLファイルへのリンクを設定する場合（ページリンク）にも、リンク先HTMLファイルの位置を指定することになります。このファイルの指定方法のことを「パス」と言います。

　画像の埋め込みもページリンクもパスの指定を行う要素として、本項で

扱います。

■パスについて

　パスには大きく分けて「絶対パス」と「相対パス」があります。

　絶対パスは「http://」から始まるURLのことです。URLは、オンライン上にある特定のファイルを指定するためのアドレスです。

　相対パスは、基準となるファイルから見た対象ファイルの位置指定のことです。

　HTMLファイル内に同じサイト内の画像埋め込みやリンクの設定を行う場合、そのHTMLファイルから見た対象ファイルの位置を指定することになります。

　以下、いくつかのケースを参考に、リンク元ファイルからみたリンク先ファイルへの相対パスの指定方法を紹介します。

　以下の例ではリンク先ファイルは全て「target.html」という名前にしてあります。

　リンク先ファイルがリンク元のHTMLファイルと同階層にある場合、"target.html"のように単にファイル名を指定します。

●HTMLファイルと同階層のファイルを指定する

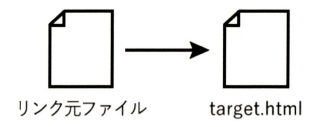

　リンク先ファイルがリンク元のHTMLファイルと同階層のフォルダの中にある場合、フォルダ名に続けてファイル名を指定します。フォルダ名とファイル名は「/」で区切って"folder/target.html"のように指定

します。

●フォルダ内のファイルを指定する1

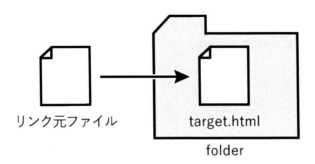

リンク先ファイルがさらに深い階層にある場合も、それぞれのフォルダ名を順に指定して"folder1/folder2/target.html"のようになります。

●フォルダ内のファイルを指定する2

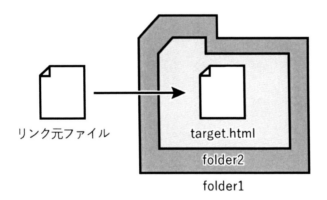

リンク先ファイルがリンク元HTMLファイルの上の階層にある場合には"../target.html"と指定します。

●上の階層のファイルを指定する

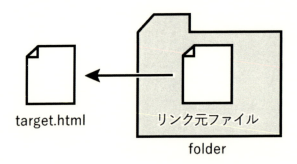

リンク先ファイルが、リンク元HTMLファイル2つ上の階層にある場合には"../../target.html"と指定します。

●2つ上の階層のファイルを指定する

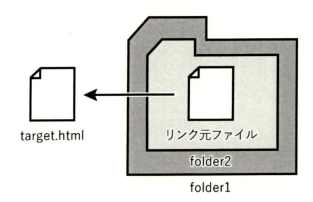

■画像：img要素の利用

　Webで利用できる画像ファイルの形式は、JPEG形式、PNG形式、GIF形式、SVG形式です。

　JPEG形式は画像データを圧縮する際にデータを間引きます。圧縮率を設定できるのが特徴で、写真のような色の分布の複雑な画像に向いています。キツい圧縮をかけると間引くデータ量が多くなるので、ファイル容量は小

さくなりますが、画質の劣化が大きくなります。Webではスムーズなデータ転送のためにファイル容量は必要最低限に抑えるのが望ましいです。

ファイル容量と画質の兼ね合いを検討して、圧縮率を決める必要があります。

PNG形式やGIF形式は、データを間引かない圧縮方式です。ベタ塗りの範囲が多いイラストのような画像に向いています。GIF形式では256色までしか使えませんが、GIFアニメ形式でシンプルなアニメーションを利用できるのが特徴です。

PNG形式はGIF形式を置き換える目的で開発されたので、使用可能な色数が増えたり半透明のような表現ができたりします。GIFアニメ以外でGIF形式を使う場合はPNG形式に変更した方がよいでしょう。

さて、HTMLファイルに画像を埋め込む場合には、既に紹介したimg要素を使います。src属性で画像ファイルのパスを指定し、alt属性で画像が表示されない場合の代替となるテキストを指定します。

画像がコンテンツ内で重要でない（例えば雰囲気作り程度の役割しかないような）場合には、alt属性の値は空（alt=""）にしておきます。

●画像埋め込みの例

```
<img src="img/chap2_title.png" alt="HTMLマークアップの基本">
```

■ページリンク：a要素の利用

a要素はページリンクを表します。a要素の内容にはテキストはもちろん画像（img要素）も指定できます。

a要素ではhref属性でリンク先を指定します。target属性を使用すると、リンク先のコンテンツをどのブラウザウィンドウで開くか指定できます。

target属性で利用できる値は任意のターゲット名か、HTML仕様で決められたキーワードです。キーワードで代表的なものは**"_blank"**で、新たなブラウザウィンドウを開いてリンク先コンテンツを表示します。

　任意のターゲット名を指定した場合、そのターゲット名のウィンドウが無い場合には新規ウィンドウを開いてリンク先を表示します。そのターゲット名のウィンドウが既に開いている場合には、そのウィンドウ内にリンク先を表示します。

　"_blank"を指定した場合には、常に新規ウィンドウを開いてリンク先を表示します。

●テキストにリンクを適用した例
```
<a href="category/link.html">リンクページ</a>
```

●画像にリンクを適用した例（リンク先を新規ウィンドウで開く）
```
<a href="http://otherSite.com/" target="_blank"><img src="otherSiteBanner.png" alt="他のサイト"></a>
```

●リンク先に任意のターゲット名を適用した例
```
<a href="http://otherSite.com/" target="newWindow">外部サイト</a>
```

　同ページ内の特定の位置にリンクを設定（ページ内リンク）する場合、ページ内のリンク先となる部分の要素にid属性を設定します。

　id属性にはそのページ内で唯一となる名前やコードをつけておきます。

　a要素は、href属性に「#」をつけてid属性の値を指定することで、同ページ内の特定のid属性を持つ要素にリンクを設定できます。

●ページ内リンクの例
```
<h1 id="top">第1章</h1>

……

<a href="#top"> [ページトップに戻る] </a>
```

href属性の値に`"mailto:メールアドレス"`と指定すると、そのリンクはメーラーを起動して宛先にメールアドレスを設定します。

●メールリンクの例

```
<a href="mailto:info@haphands.com">メールはこちらから</a>
```

他のページの特定の位置（id属性を持った要素）にリンクするにはhref属性の値に`"リンク先ページへのパス#id属性値"`と指定します。

●他ページの特定箇所へリンクの例

```
<a href="../top.html#part2"> [トップページ：パート2に戻る]
</a>
```

2-3-5　Webページに必要となる構造

前項まではWebページだけでなく、電子書籍も含めたHTMLベースのデジタル文書全般で利用できる要素を紹介してきました。

しかしWebページの場合、コンテンツ本編の他に会社や団体のロゴやナビゲーション、ヘッダー、フッターなどの構成要素が含まれるのが一般的です。

●Webページの構成要素の例

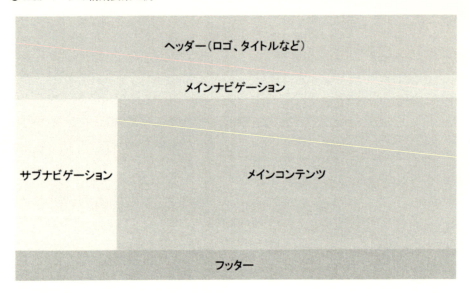

HTML5ではそのような構成要素をマークするための要素が用意されています。

以下、いくつか紹介しましょう。

■ナビゲーション：nav要素

nav要素でナビゲーションであることを定義します。

他のページへのリンクや同ページ内へのリンクなど、サイトのナビゲーションとして重要なセクションを指定します。

サイトナビゲーションは一般的に複数のa要素で構成されます。その場合、a要素を箇条書きとして定義し、そのul要素をnav要素の内容とする形が多くなっています。

●ナビゲーションの定義の例
```
<nav>
  <ul>
```

```
    <li><a href="index.html">トップページ</a></li>
    <li><a href="product.html">製品一覧</a></li>
    <li><a href="about.html">会社概要</a></li>
  </ul>
</nav>
```

　一般的なWebブラウザではこのメニューはHTMLだけだと箇条書きで表示されますが、CSSを利用することで見た目はかなり自由に変更できます。

　メインナビゲーションだけでなく、サブナビゲーションにもnav要素を使うことがあります。また、リンクを含むセクションを必ずnav要素で囲む必要はありません。

　なお、電子書籍のマークアップでは目次にnav要素を使うことがあります。

■ヘッダー：header要素

　header要素はイントロ、ナビゲーション、見出し等を含むヘッダーを定義します。

　html要素の子でbody要素と同階層に配置するhead要素と混同しないように気をつけて下さい。

　header要素にはh1要素～h6要素を含むのが一般的ですが、必須ではありません。

●ヘッダーの定義例
```
<header>
  <h1>6年1組のホームページ</h1>
  <p>○○小学校6年1組の紹介サイトです</p>
  <nav>
    <ul>
      <li><a href="index.html">トップページ</a></li>
```

第2章：HTMLマークアップの基本　**63**

```
    <li><a href="product.html">製品一覧</a></li>
    <li><a href="about.html">会社概要</a></li>
  </ul>
 </nav>
</header>
```

■フッター：footer要素

　footer要素は記事執筆者、関連文書へのリンク、著作権情報、連絡先情報等を含むフッターを定義します。

　連絡先情報はaddress要素で定義します。address要素はfooter要素の子として配置できます。

●フッターの定義例

```
<footer>
  <ul>
    <li><a href="profile.html">作者プロフィール</a></li>
    <li><a href="http://myblog.com/">作者のブログ</a></li>
  </ul>
  <address>
    <a href="mailto:master@haphands.com">サイトへのご意見</a>
  </address>
  <p>Copyright(c) 2014 XXXX All Rights Reserved.</p>
</footer>
```

■メインコンテンツ：main要素

main要素はそのHTMLファイル内の中核となるコンテンツを定義します。

main要素には、そのドキュメント特有のコンテンツを含めるべきであり、サイトナビゲーション、ロゴ、権利表記など他のドキュメントと共有するようなコンテンツを含めるべきではありません。

またmain要素は1つのHTMLドキュメント内に2つ以上入れてはいけません。

●メインコンテンツの定義例

```
<main>
    <h1>吹奏楽部</h1>
    <dl>
        <dt>活動曜日</dt>
        <dd>月、水、金</dd>
        <dt>活動場所</dt>
        <dd>新館3F音楽室</dd>
        <dt>活動時間</dt>
        <dd>15:30～18:00</dd>
    </dl>
    <p>吹奏楽部は……</p>
</main>
```

■独立性の高い記事：article要素

article要素は、新聞の記事やブログのエントリのように、それだけで転載可能な独立性の高いグループを定義します。

article要素内ではそのarticle要素のヘッダーやフッターを持つことができます。

その場合、それらのヘッダーやフッターはその article 要素に関する
ものとなります。

●記事の定義例

```
<article>
  <header>
    <h1>映画鑑賞</h1>
    <p>2014/3/10</p>
  </header>
  <p>今日は天気がよかったので映画を観に行った。……</p>
  <footer>
    <p>投稿者：ゆき</p>
  </footer>
</article>
```

本項では構造を定義するための主要な要素を紹介してきました。

それ以前に紹介した要素も含めても、ピックアップしたのは重要性の高いごく少数のものだけです。

HTML にほぼ初めて触れる方は、まずここまで紹介してきたものを中心に最初のとっかかりとして理解を深めていってください。

第3章：CSSスタイル定義の基本

3-1　CSSスタイル定義に必要なアプリ

　　CSSのスタイル定義は、HTMLファイル内に記述する場合と、拡張子「.css」のCSSファイルに記述する場合があります。

　　HTMLファイルもCSSファイルも拡張子こそ「.txt」ではありませんが中身はテキストデータです。

　　サードパーティ製のテキストエディタには、HTMLの場合と同様にコードを色分けして見やすくしてくれるものや、入力の補完機能を持ったものもあります。

　　また、Webサイト制作に特化したアプリでは、GUIによるコード生成機能や高度なプレビュー機能を持ったものもあります。

　　CSSは基本的にHTMLと共に制作・編集することから、2-2「HTMLファイルの制作に必要なアプリ」で紹介したアプリは全てCSSのスタイル定義のために使用できるので、同項をご参照ください。

　　ここでは追加で1つ、クラウドサービスをご紹介しておきます。

第3章：CSSスタイル定義の基本　**67**

■Liveweave

　LiveweaveはWebブラウザから利用するクラウドサービスです。デフォルトではブラウザ画面が上下左右に4分割され、HTMLエディタ、CSSエディタ、JavaScriptエディタ、プレビュー表示の役割で利用できます。

　コードを編集しながらリアルタイムにプレビューが更新されるので、効率よく開発を行えます。

　アカウントを作成すると編集内容をクラウドに保存できるので、会社と自宅など複数の環境で編集を行う方には非常に重宝します。

● Liveweave

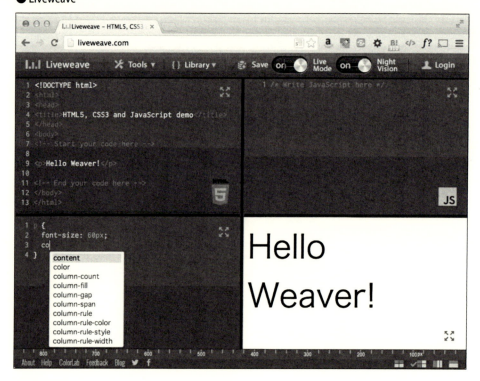

価格：無料

開発：Amitava Sen

URL：http://liveweave.com/

3-2 書式と記述場所

　ここでは、実際にCSSを記述する際に必要になる、書式や記述場所について紹介していきます。

3-2-1 基本の書式

　既に第1章でCSSのサンプルコードを掲載しましたが、改めて書式について解説します。

　第1章で掲載したCSSコードのうち、h1要素のスタイル定義は次のようなものでした。

●CSSの例：第1章で掲載したh1要素のスタイル定義

```
h1 {
  font-size: 1.5em;
  color: #F00;
}
```

　上のコードは、h1要素の文字サイズ（font-size）は標準文字サイズの1.5倍（1.5em）で、文字色（color）は赤（#F00）で表示する、という指定です。色の指定方法については、3-4「プロパティの利用」で改めて説明します。

　前記のサンプルコードの書式は次のような形式になっています。

●CSS書式：スタイル定義

```
スタイル定義の対象{
   項目名1: 値1;
   項目名2: 値2;
…
```

第3章：CSSスタイル定義の基本 **69**

```
    項目名n: 値n;
}
```

　　　用語について少し補足します。
　　　スタイル定義の対象のことを「セレクタ」、スタイルの項目名を「プロパ
ティ」と呼びます。ちなみに値はそのまま「値」と呼びます。
　　　これらの用語を使って書式を書き直すと次のようになります。

●CSS書式：スタイル定義（用語を変更）
```
セレクタ{
    プロパティ1: 値1;
    プロパティ2: 値2;
…
    プロパティn: 値n;
}
```

　　　サンプルコードではセレクタとしてHTML要素であるh1を指定しまし
た。セレクタにはHTML要素の他にも指定できるものがありますが、それ
は3-3「セレクタの種類と組み合わせ」で改めて触れていきます。

■コメント
　　　コメントはコード中に記述するためのメモ書きのようなものです。
　　　コード中に単にメモを記述すると不正なコードと認識されてエラーになっ
てしまうので、特定の書式が必要になります。
　　　コメントは「/*」と「*/」で囲まれた範囲で、以下のような書式になり
ます。HTMLとは書式が異なることに注意してください。

●CSS書式：コメント
```
/* コメントの内容 */
```

70 ┃ 第3章：CSSスタイル定義の基本 ┃

スタイル定義やプロパティの数が多くなってくると、コードの意図が分かりにくくなることがあるのでコメントを付けて分かりやすくするのが代表的な使い方です。

●CSSの例：コード中のコメント
```css
/* 大見出しのスタイル */
h1 {
    font-size: 1.5em;
    color: #F00; /* 文字色はカテゴリによって変更する */
}
```

　Webサイトをチームで制作する場合などは、他のメンバーに向ける意味でもコメントを付けておくのがよいでしょう。
　また、コメントは一時的にコードを無効化するために使うこともあります。
　このようにコメントを利用してコードを無効化することをコメントアウトと言います。

●CSSの例：コメントアウト
```css
h1 {
/* font-size: 1.5em; */
    color: #F00;
}
```

　この例では文字サイズを指定しているコードをコメントアウトすることで無効化しています。これにより、実際にコードを削除しなくても、文字サイズの指定がない場合の動作を実際に試すことができますし、必要であればすぐに元へ戻すことができます。

3-2-2 スタイル定義の記述場所

スタイル定義の記述場所には、外部スタイルシート、内部スタイルシート、インラインスタイルの3種類があります。それぞれの用途と記述方法を紹介します。

■外部スタイルシート

外部スタイルシートでは、独立したCSSファイル内にスタイル定義を記述します。

既に述べたようにCSSファイルは拡張子が「.css」のテキストファイルです。

CSSファイルには、必須ではありませんがCSSファイルの文字コードを指定しておくことが推奨されます。

文字コードを指定する書式は次のとおりです。

●CSS書式：外部スタイルシート内の文字コード指定

```
@charset"文字コード";
```

CSSファイルの文字コードがUTF-8の場合、次のように指定します。

●CSSの例：文字コードUTF-8の指定

```
@charset"utf-8";
```

文字コードの指定は、CSSファイルの先頭に記述します。

これ以降は、必要に応じていくつでもスタイル定義を記述して構いません。

●CSSの例：外部スタイルシートの記述

```
@charset"utf-8";
h1 {
  font-size: 1.5em;
```

72 │ 第3章：CSS スタイル定義の基本 │

```css
  color: #F00;
}
h2 {
  font-size: 1.2em;
  color: #C00;
}
p {
  line-height: 1.8em;
}
```

CSS ファイルで定義したスタイルは、HTML ファイル内からリンクすることで、HTML に適用できます。

HTML ファイル内では、head 要素内で次の書式で link 要素を用いて CSS ファイルをリンクします。

●HTML書式：CSSファイルのリンク

```html
<head>
...
  <link href="CSSファイル" rel="stylesheet"
type="text/css">
...
</head>
```

なお、HTML5 を使用している場合には type 属性の指定を省略できます。

CSS ファイルは、複数の HTML ファイルからリンクできます。つまり、外部スタイルシートの方法を使うと、1 か所で複数の HTML ファイルの見た目を管理できるということです。

よって、複数の HTML ファイルで使用できるようなスタイル定義は外部スタイルシートに記述しておくのが効率的です。

●外部スタイルシートで複数のHTMLの見た目を制御

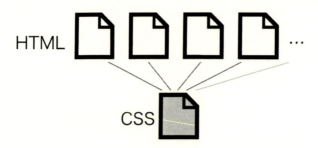

■内部スタイルシート

　内部スタイルシートでは、HTMLファイル内のhead要素の子として定義したstyle要素で定義します。
　HTMLファイル内に定義するので、そのHTMLのみで有効です。

●CSSの例：内部スタイルシートの記述

```
<head>
…
  <style type="text/css">
    h1 {
      font-size: 1.5em;
      color: #F00;
    }
    h2 {
      font-size: 1.2em;
      color: #C00;
    }
    p {
      line-height: 1.8em;
```

```
    }
  </style>
…
</head>
```

外部スタイルシートと同様に、HTML5を使っている場合にはtype属性を省略できます。

各HTMLで共通なスタイルは外部スタイルシートで定義し、特定のHTMLファイルだけで使用するスタイルは内部スタイルシートを使います。

外部スタイルシートと内部スタイルシートで、同じセレクタに対して同じプロパティを指定している場合には、内部スタイルシートで上書きすることもできます。

■インラインスタイル

インラインスタイルでは、HTML要素のstyle属性にスタイルを定義します。

●HTMLの例：インラインスタイルの記述
```
<body>
…
  <h1 style="font-size: 1.5em; color: #F00;">第1
章</h1>
…
  <h2 style="font-size: 1.2em; color: #C00;">1-1</h2>
…
</body>
```

インラインスタイルは特定のHTML要素のスタイルを指定するために使うことができますが、文書構造（HTML）と見た目（CSS）を分離できる

というメリットを阻害することになります。

　この点を考慮すると、明確なメリットがある場合以外には使用を控えるのが無難でしょう。

3-3　セレクタの種類と組み合わせ

　今までHTML要素をセレクタとして指定する例を紹介してきましたが、それ以外にもセレクタとして指定できるものがあります。
また、セレクタを組み合わせて使うことで、「要素Aの子要素である要素B」といったような、ある種の条件を指定できます。

　これらの指定を覚えると、HTMLの見た目の制御・管理をより効率的に行えるようになります。

　以下、代表的なものを紹介します。

3-3-1　基本的なセレクタと適用方法

■要素型セレクタ

　要素型セレクタは、HTML要素をセレクタとして指定するもので、今まで例として何度も登場したものです。

　要素型セレクタは、定義したスタイルが自動的にその要素に適用されます。

●HTMLの例
```
<h1>映画の感想</h1>
<p>今日は池袋に映画を観に行ってきた。…</p>
```

●CSSの例
```
h1 {
```

76 第3章：CSSスタイル定義の基本

```
  font-size: 1.4em;
  font-weight: bold;
  color: #600;
}
p {
  line-height: 1.8;
}
```

■IDセレクタ

　IDセレクタは、ある要素にid属性で指定したid名をセレクタとして指定するものです。そのid名を持つ要素のみがスタイルの対象となります。

　id名には任意の名称を指定できますが、HTMLドキュメント内で一意でなければなりません。結果としてidセレクタは、1つのHTMLドキュメント内で一度だけ登場する、ある単独の要素を指定することになります。

　idセレクタを指定するには、id名の前に「#」を付けます。また、前に要素名を指定することもできます。この場合、指定した要素にidが付加されている場合のみスタイルが適用されます。

●HTML書式：要素へのid属性によるidの指定
```
<要素名 id="id名">…</要素名>
```

●CSS書式：IDセレクタの指定
```
#id名{
…
}
要素名#id名{
…
}
```

第3章：CSS スタイル定義の基本 | 77

以下は、div要素に「container」というid名を設定し、それをセレクタとして指定する例です。

●HTMLの例：div要素に「container」というidを設定
```
<div id="container">
...
</div>
```

●CSSの例：IDセレクタ
```
#container {
    width: 90%;
    margin: 1em auto;
}
```

　このサンプルでは、idセレクタにHTML要素名を含めて、次のように記述しても同じ結果になります。

●CSSの例：要素名も指定した例
```
div#container {
    width: 90%;
    margin: 1em auto;
}
```

　ただし、セレクタに要素名も含めて指定すると、HTML側を修正して別の要素に変えた場合に、セレクタの要素名も変更しなければいけません。特に理由がなければ要素名の指定をする必要はないでしょう。
　idセレクタは、レイアウト用のエリアに対して利用するケースが多く見られます。
　例えば、ページのヘッダーをとなる要素に「header」、メインナビゲーションとなる要素に「nav」、メインコンテンツとなる要素に「main」、

フッターとなる要素に「footer」というようなid名を指定し、それぞれのサイズや位置を指定する、という手法です。

　HTML5ではヘッダー用のheader要素、メインナビゲーション用のnav要素、メインコンテンツ用のmain要素、フッター用のfooter要素などがあるので、HTML5を利用する場合には要素型セレクタで対応する方法も考えられます。

●レイアウト用の各エリアにid名を指定する例

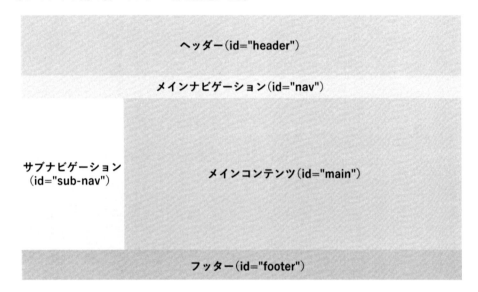

■クラスセレクタ

　クラスセレクタは、ある要素にclass属性で指定したクラス名をセレクタとして指定したものです。そのクラス名を持つ要素がスタイルの対象となります。

　クラス名は任意の名称を指定できます。idと異なり、同じクラス名をHTMLドキュメント内の複数の要素に設定できます。

　クラスセレクタを指定するには、クラス名の前に「.」を付けます。クラス名の前に要素名を指定することもできます。この場合、指定した要

素にクラスが付加されている場合のみスタイルが適用されます。

クラスセレクタの書式は、IDセレクタのものと似ています。

●HTML書式：要素へのclass属性によるクラスの指定
```
<要素名class="クラス名">…</要素名>
```

●CSS書式：クラスセレクタの指定
```
.クラス名{
…
}
要素名.クラス名{
…
}
```

　以下はリード文用のp要素に「lead」というクラス名を指定し、それを
セレクタとして指定する例です。

　リード文と本文でどちらもp要素を使いながら、見た目に違いをつける
ことができます。

●HTMLの例（p要素に「lead」というクラスを設定）
```
<p class="lead">この章ではCSSを記述するために必要となる書式や、基
本的な概念について紹介します。</p>
```

●CSSの例：クラスセレクタ
```
.lead {
   font-weight: bold;
}
```

　クラスは一般的に用途を想定して定義し、クラス名には見た目を表すフ
レーズではなく、用途を表すフレーズを使用します。

　例えば、小説で初出の登場人物名を緑色の太字で表示したい場合、クラス名を

80 第3章：CSSスタイル定義の基本

「green-bold」というようなものにするのではなく「new-character」のような名前にすべきです。

　クラス名が見た目を表すフレーズになっていると、後で見た目を変更したい場合にクラス名もそれに合わせて変更しないとおかしなことになってしまうからです。

　さて、要素内の特定のフレーズ（例えばここで挙げた例の初出の登場人物名など）にスタイルを適用したい場合に、そのフレーズが何らかのHTML要素となっていない場合にはどうすればよいのでしょうか。

　その場合、span要素を使います。span要素は特に意味を持たない要素で、クラスを適用したい範囲に追加します。

●HTMLの例：文章の一部にspan要素を追加してクラスを指定
```
<body>
…

    <p>高校教師の<span class="new-character">高木綾子</span>
はわずかな緊張とほどほどの高揚感を感じていた。</p>
…

</body>
```

■全称セレクタ
　全称セレクタはセレクタに「*」を指定したもので、全ての要素をスタイルの対象とします。

　ユニバーサルセレクタと呼ぶこともあります。

●CSSの例：全称セレクタ
```
* {
    margin: 0;
    padding: 0;
}
```

全称セレクタの代表的な用途としては、全ての要素の余白を0にセットすることが挙げられます。

　各Webブラウザは余白の初期値がまちまちであるために、CSSによるレイアウト管理が煩雑になる場合があります。そのため全称セレクタを使って、余白を全て0で初期化する、という考え方です。

　このような考え方を「スタイルのリセット」と呼びます。

　全称セレクタによるリセットは、記述がシンプルな反面全ての要素が処理の対象となるので、パフォーマンスが低い（時間がかかったり、負荷が高かったり）というデメリットもあります。

3-3-2　セレクタの組み合わせ

■複数のセレクタ

　複数のセレクタを「,」（カンマ）で区切って指定すると、それぞれのセレクタに同じスタイルを適用できます。

●CSS書式：複数のセレクタ

```
セレクタ1, セレクタ2, … セレクタn {
…
}
```

　次の例ではh1要素とh2要素を中央揃えに設定しています。

●CSSの例：複数のセレクタ

```
h1, h2 {
  text-align: center;
}
```

■子孫セレクタ

複数のセレクタを「　」（半角スペース）で区切って指定すると、あるセレクタの内部にあるセレクタにスタイルを適用できます。

●CSS書式：子孫セレクタ

```
セレクタ1セレクタ2… セレクタn {
…
}
```

次の例では「header要素内にあるp要素」と「main要素内にあるp要素」を指定しています。

●CSSの例：子孫セレクタ

```
header p {
…
}
main p {
…
}
```

子孫セレクタでは右側に指定したセレクタの示す要素が、左側のセレクタの直接の子である必要はありません。

例えば、main要素→article要素→p要素という入れ子になっている場合でも、この例の2番目の子孫セレクタのスタイルが適用されます。

■子セレクタ

複数のセレクタを「>」（大なり）で区切って指定すると、あるセレクタの直接の子であるセレクタにスタイルを適用できます。

●CSS書式：子孫セレクタ

```
セレクタ1 > セレクタ2 > … セレクタn {
```

```
...
}
```

　次の例では「header要素の直接の子であるnav要素」を指定しています。

●CSSの例：子孫セレクタ
```
header>nav {
...
}
```

■隣接セレクタ
　複数のセレクタを「+」（プラス）で区切って指定すると、あるセレクタと同階層でその直後にあるセレクタにスタイルを適用できます。

●CSS書式：子孫セレクタ
```
セレクタ1+ セレクタ2+ … セレクタn {
...
}
```

　次の例では「h2要素の同階層で直後にあるp要素」を指定しています。

●CSSの例：隣接セレクタ
```
h2+p {
...
}
```

　たとえば次のようなHTMLがあった場合、「晴れのち曇り」を囲むp要素にスタイルが適用されます。

84 ｜ 第3章：CSSスタイル定義の基本 ｜

●HTMLの例

```
<h2>東京</h2>
<p>晴れのち曇り</p>
<p>日中は太陽が顔を出しますが、夕方以降弱い雨にご注意ください。</p>
```

3-4　プロパティの利用

　　CSSのプロパティには数多くの種類があります。便宜上分類分けして考えた場合、使用頻度の高いものだけでも、文字のスタイル関連、要素のサイズや位置関連、要素の背景関連、余白の調整関連といったものが挙げられます。

　　本項ではプロパティについて代表的なものを紹介していきます。

　　その前提知識として、まずCSSの「ボックスモデル」について紹介します。

3-4-1　ボックスモデル

　　HTML要素は、ボックスと呼ばれる領域を構成します。ボックスには大きく分けて、「ブロックボックス」と「インラインボックス」の2種類があります。

　　ブロックボックスは、p要素、h1〜h6要素、ul要素、ol要素、div要素などのひとまとまりのテキストを囲む要素が生成します。インラインブロックはa要素、strong要素、em要素、span要素などの、テキストの一部を囲む要素が生成します。

　　とりあえず、両者の違いを実際のサンプルで見てみることにしましょう。

　　以下の例では、背景色をライトグレーに設定するsampleクラスを定義し、p要素とspan要素に適用しています。

●HTMLの例

```
<p class="sample">むかし、あるところに、おかあさんのやぎがいました。
このおかあさんやぎには、かわいいこどもやぎが七ひきあって、それをかわいがる
ことは、人間のおかあさんが、そのこどもをかわいがるのと、すこしもちがったと
ころはありませんでした。</p>
<p><span class="sample">むかし、あるところに、おかあさんのやぎが
いました。このおかあさんやぎには、かわいいこどもやぎが七ひきあって、それを
かわいがることは、人間のおかあさんが、そのこどもをかわいがるのと、すこしも
ちがったところはありませんでした。</span></p>
```

●CSSの例

```
.sample {
  background-color: lightgray;
}
```

これをWebブラウザで表示した結果は次のようになります。

●ブロックボックス（上）とインラインボックス（下）

むかし、あるところに、おかあさんのやぎがいました。このお
かあさんやぎには、かわいいこどもやぎが七ひきあって、それ
をかわいがることは、人間のおかあさんが、そのこどもをかわ
いがるのと、すこしもちがったところはありませんでした。

むかし、あるところに、おかあさんのやぎがいました。このお
かあさんやぎには、かわいいこどもやぎが七ひきあって、それ
をかわいがることは、人間のおかあさんが、そのこどもをかわ
いがるのと、すこしもちがったところはありませんでした。

　CSSで制御の対象となるのは主にブロックボックスです。ブロックボック
スを生成する要素には、先に挙げたものの他に、header要素、main

要素、footer要素、nav要素などがあります。

　3-3-1「IDセレクタ」の項でヘッダー、メインナビゲーション、メインコンテンツ、フッターなどの構成要素にIDを振って、それぞれの位置やサイズを調整する考え方を紹介しました。それは、それぞれの要素のブロックボックスの位置やサイズを調整する、ということです。

　これ以降はブロックボックスに焦点を当ててお話しします。単にボックスと記載してある場合には、ブロックボックスを指します。

　ボックスには境界線（border）があります。後述しますが、境界線はCSSプロパティで色や太さを指定して、実際に線として表示することもできます。

　境界線の内側の内容との間の余白をパディング（padding）、境界線の外側の余白をマージン（margin）と言います。パディングやマージンの広さもCSSプロパティで制御できます。

●ボックスの構成

マージン(margin)

パディング(padding)

むかし、あるところに、おかあさんのやぎがいました。このおかあさんやぎには、かわいいこどもやぎが七ひきいて、それをかわいがることは、人間のおかあさんが、そのこどもをかわいがるのと、すこしもちがったところはありませんでした。

内容

境界線(border)

　分かりやすくするために、以下に2つのボックスを上下に並べた図を掲載します。

第3章：CSSスタイル定義の基本 | **87**

●2つのボックスの比較

むかし、あるところに、おかあさんのやぎがいました。このお
かあさんやぎには、かわいいこどもやぎが七ひきあって、それ
をかわいがることは、人間のおかあさんが、そのこどもをかわ
いがるのと、すこしもちがったところはありませんでした。

むかし、あるところに、おかあさんのやぎが
いました。このおかあさんやぎには、かわい
いこどもやぎが七ひきあって、それをかわい
がることは、人間のおかあさんが、そのこど
もをかわいがるのと、すこしもちがったとこ
ろはありませんでした。

　どちらのボックスも、境界線を太さ4ピクセルに指定しています。上の
ボックスは、パディング、マージンを共に0にし、下のボックスはパディ
ング、マージンを共に30ピクセルにしています。

　上のボックスのマージンが0なので、上下のボックスの間隔は下のボッ
クスのマージンで指定した30ピクセルになります。

　ちなみに、仮に上のボックスのマージンが20ピクセルだった場合、上下
のボックスの間隔は20ピクセル＋30ピクセルで50ピクセルになりそうで
すが、実際には30ピクセルのままです。これは上下マージンの大きいほう
の値が適用されているからです。

●大きいほうのマージンが適用される

むかし、あるところに、おかあさんのやぎがいました。このお
かあさんやぎには、かわいいこどもやぎが七ひきあって、それ
をかわいがることは、人間のおかあさんが、そのこどもをかわ
いがるのと、すこしもちがったところはありませんでした。

マージン(margin)

パディング(padding)

むかし、あるところに、おかあさんのやぎが
いました。このおかあさんやぎには、かわい
いこどもやぎが七ひきあって、それをかわい
内容
がることは、人間のおかあさんが、そのこど
もをかわいがるのと、すこしもちがったとこ
ろはありませんでした。

境界線(border)

　この辺りは少し複雑なルールがありますが、本書では詳細な説明は割愛
します。マージンの設定が想定したような結果にならない場合には「少し
複雑なルール」があることを思い出して、改めて調べてみてください。

3-4-2　値の種類、単位

　CSSではプロパティの値にはさまざまな指定の仕方や単位があります。
以下、代表的なものをいくつか紹介します。

■px：サイズの指定

　ピクセル数を表します。文字サイズ、ボックスのサイズ、マージンやパ

ディングのサイズ、ボーダーの太さなど、広い範囲で利用されます。

■em：サイズの指定

　設定範囲のフォントサイズを1とした倍率を表します。例えばp要素の文字サイズが20ピクセルと指定されていたときに、その子であるspan要素の文字サイズを0.8emと指定した場合、span要素の文字サイズは0.8倍の16ピクセルとなります。

●HTMLの例

```
<p>むかし、あるところに、<span class="mark1">おかあさん</span>
のやぎがいました。</p>
```

●CSSの例

```
p {
    font-size: 20px; /* 文字サイズを20ピクセルに指定 */
}
.mark1 {
    font-size: 0.8em; /* 文字サイズを0.8emに指定 */
}
```

●単位emの使用結果

むかし、あるところに、おかあさんのやぎがいました。

■％：サイズの指定

　ある値を基準とした割合を表します。基準となる値はプロパティによって異なります。例えばp要素の文字サイズが20ピクセルと指定されていたときに、その子であるspan要素の文字サイズを80％と指定した場合、p要素の文字サイズが基準となりspan要素の文字サイズは16ピクセルと

なります。

　また、たとえばbody要素直下のdiv要素の幅を50%と指定した場合には、親のbody要素の幅が基準となります。body要素の幅はほとんどの場合、Webブラウザなどの表示領域の幅なので、その50%の幅になります。

● HTMLの例

```
<div>
   七匹のこやぎ
   <p>むかし、あるところに、おかあさんのやぎがいました。</p>
</div>
```

● CSSの例

```
div {
   font-size: 20px;
   width: 50%;  /* 幅を50%に設定 */
   background-color: lightgray;
}
p {
   font-size: 80%;  /* 文字サイズを80%に設定 */
}
```

●単位％の使用結果

七匹のこやぎ

むかし、あるところに、おかあさんのやぎがいました。

第3章：CSSスタイル定義の基本 | 91

■#RRGGBB：色の指定

ハッシュ記号（#）に続けて、光の三原色のR（赤）、G（緑）、B（青）の強さを2桁ずつ16進数（0～9、A～F）で指定します。

例えば、#FF0000ならば、赤が最大値で緑と青はなしということになり、表示は赤になります。同様に#00FF00は緑に、#0000FFは青になります。また、#FFFFFFは赤、緑、青が全て最大値なので、光の三原色の原則で白になります。

次のCSSはp要素の文字色を水色に設定しています。

●CSSの例

```
p {
    color: #3399CC;
}
```

■#RGB：色の指定

ハッシュ記号（#）に続けて、光の三原色のRed（赤）、Green（緑）、Blue（青）の強さを1桁ずつ16進数（0～9、A～F）で指定します。#F00は#FF0000と同じ値を意味します。#FC3なら#FFCC33と同様です。

●CSSの例

```
p {
    color: #39C;
}
```

■rgb(R,G,B)：色の指定

赤、緑、青の強さをそれぞれ0～255の範囲で指定します。

● CSSの例

```
p {
  color: rgb(51,153,204);
}
```

　　　または、それぞれの強さを0%〜100%の割合で指定することもできます。

● CSSの例

```
p {
  color: rgb(20%,60%,80%);
}
```

■hls(H,L,S)：色の指定

　　Hue（色相）を0〜360の範囲で、Lightness（明度）とSaturation（彩度）を0%〜100%の割合で指定します。色相は0が赤、120が緑、240が青の位置関係になります。

● CSSの例

```
p {
  color: hsl(200,60%,50%);
}
```

■rgba(R,G,B,A)／hlsa(H,L,S,A)：色の指定

　　先に紹介した rgb(R,G,B) と hls(H,L,S) に Alpha（不透明度）を追加した形です。不透明度は0〜1で指定します。0は完全な透明、1は完全な不透明で、その間の小数値を指定すると値に応じた半透明になります。

● CSSの例：rgba(R,G,B,A)

```
p {
```

第3章：CSSスタイル定義の基本 | 93

```
  color: rgba(20%,60%,80%,0.6);  /* 不透明度60% */
}
```

●CSSの例：hlsa(H,L,S,A)

```
p {
  color: hsla(200,61%,50%, 0.1);  /* 不透明度10% */
}
```

■カラーネーム：色の指定

　CSSではカラーネームと呼ばれるキーワードで色を指定できます。カラーネームは最新のCSS仕様（CSS 3）では147種あります。その中から、CSS 3の前の仕様であるCSS 2.1で定義された17種を以下に掲載します。

　aqua、black、blue、fuchsia、gray、green、lime、maroon、navy、olive、orange、purple、red、silver、teal、white、yellowです。

　それぞれのカラーネームにはRGB値が設定されています。例えばaquaは#00FFFF、fuchsiaは#FF00FFといった具合です。

　本書のサンプルコードでもカラーネームを使っています。中にはlightgrayのような、ここで挙げた17種には含まれていないカラーネームも使用している場合があります。

●CSSの例

```
p {
  color: blue;
}
```

■url(url：) URLの指定

　CSSプロパティで背景画像を指定する場合などに対象ファイルのURLを

94 第3章：CSSスタイル定義の基本

指定することがあります。そのような場合に使用する書式です。

●CSSの例
```
.note {
  background-image: url(img/bg01.png); /* 背景画像を設定
*/
}
```

3-4-3　代表的なプロパティ：テキスト

　フォントの指定や文字サイズ、文字色などテキストに関するプロパティ
は使用頻度の高いものです。以下、代表的なものを紹介します。

　なお、各プロパティの「継承」の有無についても触れています。継承に
ついては3-5「スタイルの継承と優先順位」を参照してください。

■color

　文字色を設定します。色の指定は342「値の種類、単位」で紹介した、
いずれかの書式を用います。

　colorプロパティは継承されます。

●CSSの例：colorプロパティの指定例
```
color: #FF0;
color: red;
color: rgb(20%,20%,20%);
```

■font-size

　文字サイズを設定します。px、em、%などの単位で指定できます。その
他以下のキーワードで指定できます。

xx-small、x-small、small、medium、large、x-large、
xx-large。

キーワードはmediumを標準とし、1段階で1.2倍の違いがあります。ま
た、smaller、largerのキーワードを使用すると、現在設定されてい
るサイズから1段階上下させることができます。

font-sizeプロパティは継承されます。

●CSSの例：font-size プロパティの指定例
```
font-size: 16px;
font-size: 1.2em;
font-size: larger;
```

■font-weight

文字の太さを設定します。値の指定は100、200、……800、900の9
段階で指定ができますが、9段階分の太さが用意されていないフォントで
は、数値で指定しても実際に9段階に太さが変わることはありません。

太さが9段階用意されているフォントはあまりないので、太さの指定は
次のキーワードで指定するのが一般的です。

normal（標準）、bold（太字）。また、lighter（1段階細く）、bolder
（1段階太く）というキーワードもありますが、数値の指定と同じ理由であ
まり使うことはありません。

font-weightプロパティは継承されます。

●CSSの例：font-weight プロパティの指定例
```
font-weight: normal;
font-weight: bold;
```

■ font-family

フォントの種類を設定します。フォント名を「,」（カンマ）で区切って複数指定すると、Webブラウザは前から順に候補としてチェックしていき、適用できるフォントがあればそれを使います。

フォント名の指定は、フォント名にスペースが含まれる場合には「"」（ダブルクォーテーション）や「'」（シングルクォーテーション）で囲みます。スペースが含まれないフォント名は「"」や「'」で囲まなくても構いません。

また、具体的なフォント名の他に、フォントの系統を示す次のキーワードを使うこともできます。

sans-serif（ゴシック系）、serif（明朝系）、cursive（手書き風）、fantasy（装飾系）、monospace（等幅）。

日本語フォントのフォント名の指定は、環境により日本語の指定が有効になる場合と、アルファベットによる指定が有効になる場合があるので、両方指定するケースが一般的です。

対象として想定しているOSに同じフォントが入っていない場合には対象OSごとにフォントを指定する必要も出てきます。

なおWindows 8.1以降とMac OS X Mavericks（10.9）以降には、どちらにも游ゴシック体と游明朝体が標準フォントとしてインストールされるようになっています。

● CSS の例：font-family プロパティの指定例

```
font-family: "游明朝","YuMincho",serif;
font-family: "游ゴシック","YuGothic",sans-serif;
```

環境をWindows 8.1以降とMac OS X Mavericks（10.9）以降に限定する場合は、上記のコードを使うとどちらも游明朝体や游ゴシック体で表示されます。

font-familyプロパティは継承されます。

■ line-height

行の高さを設定します。単位には px、em、% などを指定できます。em や % での指定は文字サイズに対する割合となります。

また単位を省略した場合もフォントサイズに対する割合（倍率）となります。一見 em、% の指定と単位なしの指定は同様であるように感じられますが、細部に違いがあります。本書では説明を省略しますが、興味のある方はネット検索などを利用して調べてみてください。

line-height プロパティは継承されます。

● CSS の例：line-height プロパティの指定例

```
line-height: 32px;
line-height: 1.8;
```

■ text-align

テキストの行揃えを設定します。値は次のキーワードで指定します。

left（左寄せ）、right（右寄せ）、center（中央揃え）、justify（均等割付）。

基本的に text-align プロパティはブロックボックスを形成する要素に対して設定します。

text-align プロパティは継承されます。

● CSS の例：text-align プロパティの指定例

```
text-align: center;
text-align: justify;
```

■ text-shadow

文字へのドロップシャドウ効果を設定します。text-shadow プロパティの値の指定は次の書式になります。

●CSS書式：text-shadow プロパティ

text-shadow: 水平オフセット垂直オフセットぼかしサイズ影の色

　　水平オフセットは影の左右へのスライド幅、垂直オフセットは上下へのスライド幅です。ぼかしサイズは影のぼかし具合を表す値で、大きいほどぼけた影になります。これら3つの値はpx、emなどを単位とした数値で指定します。影の色の指定は3-4-2「値の種類、単位」で紹介した、いずれかの書式を用います。

　　また、これら4つの値のセットを「,」（カンマ）で区切って複数指定して、複数のドロップシャドウ効果を適用できます。

　　text-shadowプロパティは継承されます。

　　以下はサンプルです。

●HTMLの例

```
<h1>七匹のこやぎ</h1>
```

●CSSの例：text-shadow プロパティの指定例1

```
h1 {
    text-shadow: 4px 0 0 red; /* 右に4px移動、ぼかしなし */
}
```

●ブラウザでの表示例

七匹のこやぎ

　　このサンプルでは、影を右に4ピクセル移動させ、垂直移動とぼかしは0にしています。

　　次の例では、異なる値を設定しています。

● CSS の例：text-shadow プロパティの指定例2

```
h1 {
    text-shadow: 3px 2px 6px#999; /* 右に3px、下に2px移動、
ぼかし6px */
}
```

●ブラウザでの表示例

七匹のこやぎ

以下は2つの影を設定した例です。

● CSS の例：text-shadow プロパティの指定例3

```
h1 {
    text-shadow: 4px 4px 4px#66F, -4px-4px 4px#F66;
}
```

●ブラウザでの表示例

七匹のこやぎ

3-4-4　代表的なプロパティ：ボックス

　ボックスの見た目の制御はさまざまなシーンで必要になります。見出しのデザインやヘッダー、フッター、ナビゲーション、主要コンテンツ等のコンテナのレイアウトなどが代表的なものとなります。

100 | 第3章：CSS スタイル定義の基本

■margin

ボックスのマージンを設定します。px、em、%などの単位で指定できます。

marginプロパティは、値の指定の書式によってボックスの上下左右マージンを一括で指定したり個別に指定したりできます。

以下、marginプロパティの値の書式を紹介します。

●CSS書式：margin プロパティ1

```
margin: 上下左右マージン;
```

値を1つだけ指定した場合、上下左右のマージンが同じ値で適用されます。

●CSS書式：margin プロパティ2

```
margin: 上下マージン 左右マージン;
```

値をスペースで区切って2つ指定した場合、それぞれの値は上下マージンと左右のマージンとして適用されます。

●CSS書式：margin プロパティ3

```
margin: 上マージン 左右マージン 下マージン;
```

値をスペースで区切って3つ指定した場合、上マージン、左右のマージン、下マージンとして適用されます。

●CSS書式：margin プロパティ4

```
margin: 上マージン 右マージン 下マージン 左マージン;
```

値をスペースで区切って4つ指定した場合、上マージン、右のマージン、下マージン、左のマージンとして適用されます。上から時計回りの指定と考えると分かりやすいでしょう。

●CSSの例：margin プロパティの指定例

```
margin: 1em; /* 上下左右全て1em */
```

```
margin: 10px 10%;   /* 上下10px、左右親ボックス幅の10% */
margin: 1em 20px 0;   /* 上1em、左右20px、下0 */
margin: 10px 0 0 2em;   /* 上10px、右0、下0、左2em */
```

このほか、上下左右のそれぞれのマージンに対して、個別に設定するためのプロパティがあります。

margin-top（上マージン）、margin-bottom（下マージン）、margin-left（左マージン）、margin-right（右マージン）です。

これらのプロパティは1か所のマージンを指定するものなので、いずれも値は1つだけ指定します。

marginプロパティは継承されません。

●CSSの例：各marginプロパティの指定例
```
margin-top: 1em;
margin-bottom: 10px;
margin-left: 5%;
margin-right: 0;
```

■padding

ボックスのパディングを設定します。px、em、%などの単位で指定できます。

paddingプロパティのmarginプロパティと同様に、指定する値の数によってボックスの上下左右パディングを一括で指定したり個別に指定したりできます。

値の数と設定場所の関係はmarginプロパティと同様です。

●CSS書式：paddingプロパティ1
```
padding: 上下左右パディング；
padding: 上下パディング 左右パディング；
```

102 │第3章：CSSスタイル定義の基本│

```
padding: 上パディング 左右パディング 下パディング;
padding: 上パディング 右パディング 下パディング 左パディング;
```

●CSSの例：paddingプロパティの指定例
```
padding: 10px; /* 上下左右全て10px */
padding: 1em 2em; /* 上下1em、左右2em */
padding: 10px 10% 0; /* 上10px、左右親ボックス幅の10%、下0
*/
padding: 1em 0 10px 1.5em; /* 上1em、右0、下10px、左
1.5em */
```

　それぞれのパディングを個別に設定するプロパティも、マージンと同様に用意されています。

　padding-top（上パディング）、padding-bottom（下パディング）、padding-left（左パディング）、padding-right（右パディング）です。

　paddingプロパティは継承されません。

■border

　ボックスの上下左右の境界線について線種、太さ、色を一括して設定します。線種、太さ、色はスペースで区切って、任意の順番で指定できます。

　borderプロパティは継承されません。

　線種はキーワードで指定します。以下、主なものを紹介します。

・none：境界線を非表示
・solid：実線
・double：二重線
・dashed：破線
・dotted：点線

第3章：CSSスタイル定義の基本 103

- inset：上と左の境界線が暗く、右と下の境界線が明るく表示され、パディング内が一段くぼんだように表示
- outset：上と左の境界線が明るく、右と下の境界線が暗く表示され、パディング内が一段浮き出たように表示

線の太さはpxやemを単位とする数値か、キーワードthin（細い）、medium（普通）、thick（太い）で指定できます。

線の色の指定は2-4-2「値の種類、単位」で紹介した、いずれかの書式を用います。

●CSS書式：borderプロパティ

```
border: 線種太さ色;
```

前述の通り3つの値の指定順は任意です。

●HTMLの例

```
<div class="sample1">sample1</div>
<div class="sample2">sample2</div>
<div class="sample3">sample3</div>
<div class="sample4">sample4</div>
<div class="sample5">sample5</div>
<div class="sample6">sample6</div>
```

●CSSの例

```
.sample1 {
  border: solid 2px black;
}
.sample2 {
  border: double 6px red;
}
```

```css
.sample3 {
  border: dashed 3px gray;
}
.sample4 {
  border: dotted 3px#69F;
}
.sample5 {
  border: inset 10px orange;
}
.sample6 {
  border: outset 10px orange;
}
```

●ブラウザでの表示例

sample1

sample2

sample3

sample4

sample5

sample6

　境界線については、関連プロパティが多数あります。以下、簡単に紹介します。

　border-styleプロパティ、border-widthプロパティ、border-colorプロパティは、それぞれ境界線の線種、太さ、色を指定できます。これらのプロパティは、marginプロパティやpaddingプロパティと同様に、値の数で上下左右の値をまとめて、あるいは個別に設定できます。

　いずれも、値1つ：[上下左右]、値2つ：[上下]・[左右]、値3つ：[上]・[左右]・[下]、値4つ：[上]・[右]・[下]・[左]となっています。

●CSSの例：border-style プロパティ、border-width プロパティ、border-color プロパティの指定例

```
border-style: solid dotted double dashed;
```

```
border-width: 2px 4px 6px;
border-color: blue orange;
```

●ブラウザでの表示例

> sample1

　また、境界線の各辺の線種、太さ、色を一括して設定するプロパティとして、以下のものがあります。

　border-top（上）、border-bottom（下）、border-left（左）、border-right（右）があります。値の設定についてはborderプロパティと同じです。

　その他、上下左右それぞれについて、線種を設定するプロパティ、太さを設定するプロパティ、色を設定するプロパティがあります。以下、それぞれの辺について、線種、太さ、色の順に列記しておきます。

・上：border-top-style、border-top-width、
　　border-top-color
・下：border-bottom-style、border-bottom-width、
　　border-bottom-color
・左：border-left-style、border-left-width、
　　border-left-color
・右：border-right-style、border-right-width、
　　border-right-color

　border関連のプロパティは継承されません。

■border-radius

ボックスの角丸を設定します。設定する値は角丸の半径で、px、em、%などの単位で指定できます。

marginプロパティやpaddingプロパティと同様に、値の数でまとめて指定したり、個別に指定したりできます。ただし、角丸の位置は上下左右ではなく、左上・右上・右下・左下となるのでその点注意してください。

●CSS書式：border-radius プロパティ

```
border-radius: 右上・右下・右下・左下一括;
border-radius: 左上と右下  右上と左下;
border-radius: 左上  右上と左下  右下;
border-radius: 左上  右上  右下  左下;
```

●CSSの例：border-radius プロパティの指定例

```
border-radius: 1em 10px 2em 0;
```

●別途背景色をグレーに設定済み

sample2

border-radiusプロパティは、角丸の縦半径と横半径に異なる値を指定して楕円の角丸を設定することもできますが、本書では割愛します。

border-radiusプロパティは継承されません。

■box-sizing

ボックスサイズの算出方法を指定します。値は次のキーワードで指定します。

- content-box：widthプロパティ、heightプロパティの値は内容領域のサイズのみを含みます。
- border-box：widthプロパティ、heightプロパティの値は内容領域、パディング領域、境界線の領域を含みます。

デフォルト値はcontent-boxです。
以下、サンプルです。

● HTMLの例
```
<div class="sample1">sample1</div>
<div class="sample2">sample2</div>
```

● CSSの例
```
div {
  margin: 1em;
  padding: 1em;
  width: 150px;
  height: 80px;
  border: solid 10px#F3C;
}
.sample1 {
  box-sizing: content-box;
}
.sample2 {
  box-sizing: border-box;
}
```

●ブラウザでの表示例

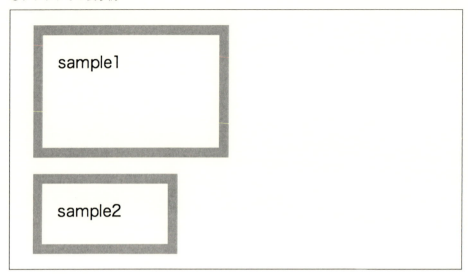

box-sizingプロパティは継承されません。

■box-shadow
　ボックスへのドロップシャドウ効果を設定します。box-shadowプロパティの値の指定は、次の書式が基本となります。

●CSS書式：box-shadowプロパティ基本
box-shadow：水平オフセット　垂直オフセット　ぼかしサイズ　広がりサイズ　影の色

　水平オフセットは影の左右へのスライド幅、垂直オフセットは上下へのスライド幅です。
　ぼかしサイズは影のぼかし具合を表す値で、大きいほどぼけた影になります。
　広がりサイズは大きい値を指定すると、影が広がり大きくなります。
　これら4つの値はpx、emなどを単位とした数値で指定します。
　影の色の指定は3-4-2「値の種類、単位」で紹介した、いずれかの書式を

用います。

●HTMLの例
```
<h1>七匹のこやぎ</h1>
```

●CSSの例：box-shadow プロパティの指定例1
```
h1 {
    padding: 1em;
    width: 200px;
    background-color: #CCC;
    box-shadow: 5px 3px 10px 0 rgba(0, 0, 0, 0.5);
}
```

●ブラウザでの表示例

　基本の書式と、ぼかしサイズ、広がりサイズ、影の色を省略した派生の書式があります。

　ただし、ぼかしサイズを省略して広がりサイズを指定することはできません。Webブラウザは3番目に指定された色でない値をぼかしサイズとして処理するためです。

　さらに、それらの書式の最後にキーワードinsetを付けることで、影をボックスの内側に落とすことができます。

　結果として次のような書式が有効です。

●CSS書式：box-shadow プロパティその他

```
box-shadow: 水平オフセット  垂直オフセット

box-shadow: 水平オフセット  垂直オフセット  影の色

box-shadow: 水平オフセット  垂直オフセット  ぼかしサイズ

box-shadow: 水平オフセット  垂直オフセット  ぼかしサイズ  影の色

box-shadow: 水平オフセット  垂直オフセット  ぼかしサイズ  広がりサイズ

box-shadow: 水平オフセット  垂直オフセット  inset

box-shadow: 水平オフセット  垂直オフセット  影の色  inset

box-shadow: 水平オフセット  垂直オフセット  ぼかしサイズ  inset

box-shadow: 水平オフセット  垂直オフセット  ぼかしサイズ  影の色
inset

box-shadow: 水平オフセット  垂直オフセット  ぼかしサイズ  広がりサイズ
inset

box-shadow: 水平オフセット  垂直オフセット  ぼかしサイズ  広がりサイズ
影の色    inset
```

　　以下、「box-shadow プロパティの指定例1」の box-shadow プロパティの値を以下のように変更してみます。

●CSSの例：box-shadow プロパティの指定例2

```
box-shadow: 5px 3px 10px rgba(0, 0, 0, 0.5) inset;
```

　　●ブラウザでの表示例

112 第3章：CSS スタイル定義の基本

box-shadowプロパティは継承されません。

3-4-5　代表的なプロパティ：背景

　要素の背景はビジュアル的なデザインの大きな要素となると共に、アクセシビリティ的な部分でも重要なポイントとなります。

　背景色や背景画像の色がキツ過ぎるとそれだけで目が疲れますし、文字色との明度差が少ないと文字の読みやすさが大きく損なわれます。

■background-color

　背景色を設定します。色の指定は「2-4-2値の種類、単位」で紹介した、いずれかの書式を用います。

　背景色が表示されるのは内容領域＋パディング領域になります。

●CSSの例：background-color プロパティの指定例
```
background-color: #FF9;
background-color: gray;
background-color: rgb(20%,20%,60%);
```

　background-color プロパティは継承されません。しかし、親要素で設定した背景色は子要素にも表示されます。これはbackground-color プロパティのデフォルト値が透明を表す「transparent」という設定であるためです。

■background-image

　背景画像を設定します。値は画像ファイルのURLを3-4-2「値の種類、単位」で紹介した書式で指定します。

　背景画像が表示されるのは内容領域＋パディング領域で、デフォルトでは水平方法、垂直方向に繰り返し表示されます。

　background-image プロパティを外部スタイルシートから相対URL

で指定する場合は、HTMLファイルを基点とするのではなく、外部スタイルシートを基点とした指定にします。

　body要素の背景画像として次の星の画像を設定してみます。

●使用する画像（背景の格子柄部分は透明であることを表します）

●CSSの例：background-imageプロパティの指定例
```
background-image: url(img/star.png);
```

●ブラウザでの表示例

Webブラウザの背景全体に背景画像が繰り返し表示されます。`background-image`プロパティは継承されません。

■ background-repeat

背景画像設定時の背景画像の繰り返し方法を設定します。値は次のキーワードで指定します。

- `repeat`：水平方法、垂直方向ともに繰り返し表示
- `repeat-x`：水平方向のみ繰り返し表示
- `repeat-y`：垂直方向のみ繰り返し表示
- `no-repeat`：繰り返しなし

デフォルト値はrepeatです。

●CSSの例：background-repeat プロパティの指定例
```
background-repeat: repeat-x;
```

background-repeat プロパティは継承されません。

■background-position

背景画像表示時の配置位置を設定します。水平方向の位置と垂直方向の位置をスペースで区切って指定します。値はpx、em、%などの単位か次のキーワードで指定します。

・水平方向：left（左寄せ）、center（中央）、right（右寄せ）
・垂直方向：top（上寄せ）、center（中央）、bottom（下寄せ）

pxやemによる指定の場合、ブロックの左端、上端からの画像の左上の位置を表します。%指定の場合、0%は画像が左寄せ、上寄せの位置を表し、100%は右寄せ、下寄せの位置になります。

キーワードのleftやtopは0%の指定と同様、rightやbottomは100%と同様の結果になります。

●CSSの例：background-position プロパティの指定例
```
div {
    width: 400px;
    height: 400px;
    background-color: #FE9;
    background-image: url(img/star.png);
    background-repeat: no-repeat;
    background-position: right center;
}
```

●ブラウザでの表示例

background-positionプロパティは継承されません。

3-4-6　代表的なプロパティ：幅・高さ・表示

　幅や高さは画像やボックスなどに頻繁に利用します。それ以外にも、レイアウトに利用するプロパティなどの代表的なものを紹介します。

■width

　画像やボックスなどの幅を指定します。値はpx、em、%などの単位で指定できます。%で指定した場合は、親ボックスの幅に対する割合になります。

　widthプロパティは継承されません。

●CSSの例：widthプロパティの指定例
```
width: 450px;
width: 90%;
```

■height

画像やボックスなどの高さを指定します。値はpx、em、％などの単位で指定できます。％で指定した場合は、親ボックスの高さに対する割合になります。

heightプロパティは継承されません。

●CSSの例：heightプロパティの指定例

```
height: 200px;
height: 50%;
```

■display

要素のボックスの扱いを設定します。値の指定にはキーワードを用います。以下、代表的なキーワードを紹介します。

- inline：要素のボックスをインラインボックスに設定
- block：要素のボックスをブロックボックスに設定
- inline-block：要素のボックスをインラインブロックボックスに設定
- none：要素を非表示に設定

インラインブロックボックスは、インラインボックスのように前後が改行されず、テキストの一部として組み込まれますが、ボックスはブロックボックスのように矩形となります。

以下、例をご確認ください。

●HTMLの例

```
<p>やがて、まもなく、たれか、おもての戸をとんとんたたくものがありました。
そうして、<span class="sample">「さあ、こどもたち、あけておくれ、
おかあさんだよ。めいめいに、いいおみやげをもって来たのだよ。」</span>と、
よびました。</p>
```

118 | 第3章：CSS スタイル定義の基本 |

●CSSの例

```
.sample {
  display: inline;
  background-color: pink;
  width: 200px;
}
```

　スタイルが適用されている範囲は元々インラインブロックなので、displayプロパティの設定自体に意味はありません。インラインブロックはwidthプロパティによる設定は無効です。

●inlineの場合

やがて、まもなく、たれか、おもての戸をとんとんたたくものがありました。そうして、「さあ、こどもたち、あけておくれ、おかあさんだよ。めいめいに、いいおみやげをもって来たのだよ。」と、よびました。

　次は、このサンプルのdisplayプロパティの値を「block」に設定した場合の結果イメージです。

● blockの場合

やがて、まもなく、たれか、おもての戸をとんとんたたくもの
がありました。そうして、
「さあ、こどもたち、あけ
ておくれ、おかあさんだ
よ。めいめいに、いいおみ
やげをもって来たのだ
よ。」
と、よびました。

　displayプロパティの値を「block」に設定すると、要素のブロック
はブロックボックスに設定されます。その結果、前後が改行されると共に
widthプロパティによる幅の設定が有効になります。
　次は、displayプロパティの値を「inline-block」に設定した場
合の結果イメージです。

● inline-blockの場合

やがて、まもなく、たれか、おもての戸をとんとんたたくもの
　　　　　　　　　　　　　　　　　「さあ、こどもたち、あけ
　　　　　　　　　　　　　　　　　ておくれ、おかあさんだ
　　　　　　　　　　　　　　　　　よ。めいめいに、いいおみ
　　　　　　　　　　　　　　　　　やげをもって来たのだ
がありました。そうして、よ。」　　　　　　　　　　　　と、よ
びました。

　displayプロパティの値を「inline-block」に設定すると、要素
のブロックはインラインブロックボックスに設定されます。その結果、前
後が改行されずボックスは行内（インライン）に配置され、widthプロパ

120 │ 第3章：CSSスタイル定義の基本 │

ティによる幅の設定が有効になります。

displayプロパティは継承されません。

■float

要素を右寄せ、または左寄せにして配置します。後に続く内容は回り込んで表示されます。値はleft（左寄せ）またはright（右寄せ）で指定します。

floatプロパティは継承されません。

以下、右寄せのサンプルです。

●HTMLの例

```
<h1>七匹のこやぎ</h1>
<h2>一</h2>
<p><img src="img/photo01.jpg" width="300"
height="239" alt=""/>　むかし、あるところに、おかあさんのやぎがいました。このおかあさんやぎには、かわいいこどもやぎが七ひきあって、それをかわいがることは、人間のおかあさんが、そのこどもをかわいがるのと、すこしもちがったところはありませんでした。</p>
<p>（略）</p>
<h2>二</h2>
<p>　やがて、まもなく、たれか、おもての戸をとんとんたたくものがありました。そうして、「さあ、こどもたち、あけておくれ、おかあさんだよ。めいめいに、いいおみやげをもって来たのだよ。」と、よびました。</p>
```

●CSSの例

```
img {
  float: right;
}
```

第3章：CSSスタイル定義の基本 | 121

●ブラウザでの表示例

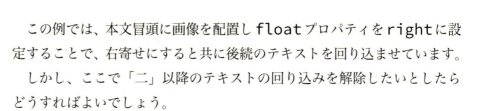

　この例では、本文冒頭に画像を配置しfloatプロパティをrightに設定することで、右寄せにすると共に後続のテキストを回り込ませています。
　しかし、ここで「二」以降のテキストの回り込みを解除したいとしたらどうすればよいでしょう。
　その場合に、次のclearプロパティを使用します。

■clear

　floatプロパティによる回り込みを解除します。値は次のキーワードで指定します。

・left：左寄せされた要素の回り込みを解除
・right：右寄せされた要素の回り込みを解除
・both：左右に関わらず、回り込みを解除

　前のfloatプロパティのサンプルに、次のスタイル定義を追加します。clearプロパティは継承されません。

●CSSの例

```
h2 {
  clear: right;
}
```

●ブラウザでの表示例

3-5　スタイルの継承と優先順位

　　CSSスタイルがHTMLドキュメントに適用されるにあたって、特徴的な仕様が継承と優先順位です。継承とは、親要素に設定したプロパティの設定が、子孫の要素に受け継がれて適用されることです。優先順位とは、ある要素に複数のセレクタから同じプロパティが適用される場合に、どのセレクタの指定が適用されるかという順位づけのことです。

3-5-1　スタイルの継承

　親要素に設定したプロパティ設定は、その子要素、孫要素、さらに子孫要素へと受け継がれます。

　例として、まず次のサンプルをご覧ください。

●HTMLの例
```
<body>

<p>むかし、あるところに、おかあさんのやぎがいました。</p>

<p>このおかあさんやぎには、かわいいこどもやぎが<strong>七ひ
き</strong>あって、それをかわいがることは、人間のおかあさんが、そのこど
もをかわいがるのと、すこしもちがったところはありませんでした。</p>

</body>
```

●CSSの例
```
body {
    color: gray;
    font-size: 16px;
}
```

●colorとfont-sizeが継承される

むかし、あるところに、おかあさんのやぎがいました。

このおかあさんやぎには、かわいいこどもやぎが**七ひき**あっ
て、それをかわいがることは、人間のおかあさんが、そのこど
もをかわいがるのと、すこしもちがったところはありませんで
した。

　body要素をセレクタとして設定した文字色や文字サイズは、子のp要

素、孫のstrong要素にも適用されています。

これがCSSにおけるスタイルの継承です。

ただし、全てのプロパティが継承されるわけではありません。

次の例で挙げるborderプロパティは継承されません。境界線はセレクタの要素だけにつけたい場合が多いので、継承されるとかえって不便です。

● HTMLの例

```
<div>
  <p>七匹のこやぎ</p>
</div>
```

● CSSの例

```
div {
  border: solid 2px red;
}
```

● borderは継承されずp要素には境界線が設定されない

七匹のこやぎ

あるプロパティが継承されるか、されないかはCSSの仕様で決まっていますが、基本的には感覚的に違和感のないようになっています。

本来継承されないプロパティを明示的に継承させることもできます。その場合、値にinheritを指定します。

このborderプロパティの例で、p要素にborderを継承させるには次のCSSを追加します。

● CSSの例

```
p {
```

第3章：CSSスタイル定義の基本 | 125

```
    border: inherit;
}
```

●borderが継承されp要素にも境界線が設定される

七匹のこやぎ

3-5-2　スタイル競合時の優先順位

■詳細度

　同一の要素を示すセレクタが複数あった場合、それらの優先度は、セレクタに含まれるIDの数、クラスの数、要素の数によって決まります。基本的な考え方としては、セレクタに含まれるIDの数が多いものが優先され、同数の場合にはクラスの数が多いものが優先、クラス数も同数の場合には要素数が多いものが優先されます。

　このルールを詳細度と言います。

　少しわかりにくいので、例を挙げて見てみましょう。

●HTMLの例
```
<body>
  <div id="content">
    <p id="mainTitle" class="title">CSSはHTMLと共にWeb
制作の中心となる技術です。</p>
  </div>
</body>
```

　まず、p要素をセレクタとして文字サイズを小さめの**10px**に設定します。

●CSSの例：例1

```
p {
  font-size: 10px;
}
```

●10ピクセルの文字サイズ

CSSはHTMLと共にWeb制作の中心となる技術です。

例1の後に以下のスタイルを追加してみます。

●CSSの例：例2

```
div p {
  font-size: 12px;
}
```

セレクタが参照する要素は変わりませんが、セレクタの中に要素が2つになったので、単にp要素をセレクタとして指定した場合に比べて詳細度が高くなっています。そのためこちらの指定が優先され、文字サイズは12ピクセルになります。

●文字サイズが12ピクセルに

CSSはHTMLと共にWeb制作の中心となる技術です。

セレクタ内に要素がいくつあっても、クラス1つのほうが詳細度は高くなります。以下のクラスセレクタを追加するとそれが優先されます。

●CSSの例：例3

```
.title {
  font-size: 16px;
}
```

第3章：CSSスタイル定義の基本　127

●文字サイズが16ピクセルに

CSSはHTMLと共にWeb制作の中心となる技術です。

　　クラス単独よりも要素が含まれているセレクタの方が詳細度は高くなります。以下のスタイルを追加すると、文字サイズは18ピクセルになります。

●CSSの例：例4
```
p.title {
    font-size: 18px;
}
```

　　クラスや要素がいくつ含まれていても、IDが含まれるとそちらの方が詳細度が高くなります。次の例は同じp要素をIDで指定したものです。このスタイルを追加すると、文字サイズは20ピクセルになります。

●CSSの例：例5
```
#mainTitle {
    font-size: 20px;
}
```

　　以下、同じ要素を参照するいくつかのセレクタを提示すますが、下のものほど詳細度が高くなります。

●CSSの例：例6
```
#content p {  /* ID1つ、要素1つ */
    font-size: 22px;
}
#content.title {  /* ID1つ、クラス1つ */
    font-size: 24px;
}
```

128 第3章：CSS スタイル定義の基本

```
body div#content p.title { /* ID1つ、クラス1つ、要素3つ */
  font-size: 26px;
}
#content#mainTitle { /* ID2つ */
  font-size: 28px;
}
```

■記述順

　では、詳細度が等しいセレクタが複数あった場合にはどのスタイルが適用されるのでしょうか。

　その場合には、後に記述されたものが優先されます。

　例えば、先のHTMLの例に次のCSSを適用した場合、文字色は赤になります。

●CSSの例
```
div.title {
  color: #FF0; /* 文字色：黄色 */
}
p.title {
  color: #F00; /* 文字色：赤 */
}
```

　この2つのスタイル定義の順番を入れ替えると文字色は黄色になります。

　これは、2つのセレクタがどちらも同じ要素を参照していて、さらに詳細度が同一（クラスも要素も1つずつ）であるためです。

　このように、詳細度が等しいスタイル定義があるときに、それらが同じ場所に記述されている場合（例えばどちらも内部スタイルシートに記述されているなど）には分かりやすいですが、一方が外部スタイルシートに記

第3章：CSSスタイル定義の基本　**129**

述されていたり、両方がそれぞれ別の外部スタイルシートに記述されていたりする場合には管理しにくくなるので注意が必要です。

　このような場合、head要素内で内部スタイルシートを記述するstyle要素と、外部スタイルシートをリンクするlink要素の記述順でスタイル定義の順番が決まります。

　例えば、p要素に対する以下のようなスタイルが定義された外部スタイルシートがあるとします。

●CSSの例：外部スタイルシート「css1.css」のスタイル定義

```
p {
    color: #FF0; /* 文字色：黄色 */
}
```

●CSSの例：外部スタイルシート「css2.css」のスタイル定義

```
p {
    color: #0FF; /* 文字色：青緑 */
}
```

　これらをhead要素内で以下のようにリンクしたとします。

●HTMLの例

```
<link href="css1.css" rel="stylesheet"
type="text/css"> /* 文字色：黄色 */
<link href="css2.css" rel="stylesheet"
type="text/css"> /* 文字色：青緑 */
<style>
  p {
    color: #F00; /* 文字色：赤 */
  }
</style>
```

130 | 第3章：CSS スタイル定義の基本 |

この場合、p要素に対する文字色のスタイル定義が3つありますが、最後に記述されている内部スタイルシートの指定が優先され、文字色は赤になります。

　仮にこの記述順を以下のように変更するとどうなるでしょうか。

● HTMLの例

```
<link href="css2.css" rel="stylesheet"
type="text/css"> /* 文字色：青緑 */
<style>
  p {
    color: #F00; /* 文字色：赤 */
  }
</style>
<link href="css1.css" rel="stylesheet"
type="text/css"> /* 文字色：黄色 */
```

　この場合、最後に定義されている外部スタイルシート「css1.css」の指定が優先され、文字色は黄色になります。

　ただし、外部スタイルシートと内部スタイルシートの使い分けとしては、外部スタイルシートで複数のHTMLで利用できる汎用性の高いスタイルを定義しておき、内部スタイルシートではそのHTMLでしか使わないスタイルを定義しておく、というのが基本です。

　それを考えると、外部スタイルシートのリンクを内部スタイルシート（style要素）の後に置くのは良い形とは言えません。

　外部スタイルシートを複数利用する場合も、例えばサイト全体で利用できる汎用性の高いものを最初にリンクし、同一カテゴリ内のHTMLで共用できる限定された汎用性のものを次にリンクする、というように汎用性の高いものからリンクするのが基本です。

　このように運用することで、汎用性の高いスタイルを汎用性の低いスタ

イルで上書き（全部でも一部でも）できるので、サイトのスタイル管理が
効率的になります。

3-6　スタイル設定を試してみる

ここまでCSSに関するさまざまな書式やルールを紹介してきました。
ここでは実際にCSSを使って表示の設定を行ってみます。

3-6-1　スタイル設定の実例

CSSで見た目を管理する対象として大きなものは、ページのレイアウト、
見出しやボタンなどのブロック、本文に代表される文字の装飾、といった
ものがあります。

これらの中では、見出しなどのブロックの設定がもっともお手軽かつ楽
しくスタイルの設定を試すことができます。

以下、h1要素を例にいくつかのスタイル設定を紹介します。紹介したも
のを実際に試したり、変更したり、自分で独自のスタイルを考えたりして
みてください。

なお、HTMLは全て以下のものとし、それぞれの例ではCSSのみ掲載し
ます。

●HTMLの例
<h1>スタイルテスト</h1>

■例1
まずはシンプルに境界線を利用した見出しの設定を紹介します。

132 第3章：CSSスタイル定義の基本

●CSSの例：例1

```
h1 {
  padding-left: 0.5em;
  border-bottom: solid 1px#999;
  border-left: solid 0.4em#999;
  font-size: 24px;
}
```

●ブラウザでの表示例

スタイルテスト

テキストは文字サイズのみ指定して、左に太めの境界線、下に細い境界線を表示しています。

■例2

次もシンプルに境界線を利用した例です。境界線の利用は見出しなどのブロックの装飾によく使われます

●CSSの例：例2

```
h1 {
  border-top: double 4px#666;
  border-bottom: double 4px#666;
  font-size: 24px;
}
```

上下にそれぞれ二重線を表示するシンプルな見出しのスタイルです。

●ブラウザでの表示例

スタイルテスト

■例3

次は境界線と背景色を組み合わせてみます。

●CSSの例：例3

```
h1 {
    padding: 0.35em;
    border: solid 4px#009;
    background-color: #00C;
    background-image: url(stripe.png);
    color: #FFF;
    text-align: center;
    font-size: 24px;
    font-family: sans-serif;
}
```

●ブラウザでの表示例

スタイルテスト

　　レモンライムをイメージしたポップなイメージの設定です。イメージに
合うようにフォントもゴシック系を明示的に指定してあります。
　　これによりデフォルトフォントが明朝系になっているWebブラウザでも

ゴシック系のフォントで表示されます。

　背景色と文字色の明度差がやや少ないので、text-shadowプロパティを使って文字の周囲を少し暗くしてみます。以下の設定を追加します。

●CSSの例：例3に追加

```
text-shadow: 1px 1px 1px rgba(0, 0, 0, 0.5), -1px-1px
1px rgba(0, 0, 0, 0.5);
```

●ブラウザでの表示例

スタイルテスト

　text-shadowプロパティを、影をつけるためでなくテキストのふちどりをするために使った例です。

■例4

　この例では、背景色と背景画像を組み合わせた例を紹介します。

●CSSの例：例4

```
h1 {
  padding: 0.35em;
  border: solid 4px#009;
  background-color: #00C;
  background-image: url(stripe.png);
  color: #FFF;
  text-align: center;
  font-size: 24px;
}
```

●ブラウザでの表示例

スタイルテスト

　この縞模様は、紺色の背景色と半透明の白い縞模様の背景画像（stripe.png）の組み合わせでできています。

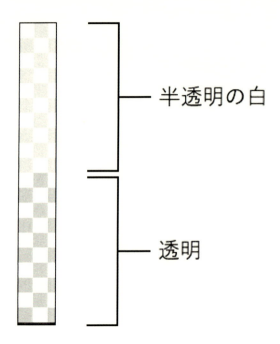

　縞模様の背景画像は、幅1ピクセル、高さ8ピクセルで上4ピクセルが半透明の白、下4ピクセルが透明になっています（図は拡大してあります）。
　このように半透明の白（または黒）の画像を背景画像に使うと、背景色を変更するだけで別の色の縞模様を作れるので便利です。
　例3のスタイルの境界線の色と背景色を以下のように変更します。

●CSSの例：例4からの変更箇所

```
border: solid 4px#900; /* 背景色を変更 */
background-color: #C00; /* 境界線の色も変更 */
```

●ブラウザでの表示例

■例5

次は境界線の角を丸めてみます。

●CSSの例：例5

```
h1 {
    padding: 0.4em 0.75em;
    border: solid 0.25em#555;
    border-radius: 1em;
    font-size: 24px;
}
```

●ブラウザでの表示例

太めの境界線で角を丸めるのは、見出しだけでなくコラムなどの囲み記事の装飾としてもよく見られます。

第3章：CSSスタイル定義の基本　137

これにボックスへのドロップシャドウ効果を追加すると、ずいぶん雰囲気が変わります。

●CSSの例：例5に追加
```
box-shadow: inset 0 0 0.7em#444;
```

●ブラウザでの表示例

スタイルテスト

　一気にレトロな感じになりました。それに合わせて、フォントも明朝系の書体を指定します。以下の設定を追加します。

●CSSの例：例5にさらに追加
```
font-family: serif;
```

●ブラウザでの表示例

スタイルテスト

　これでWebブラウザのデフォルトフォントがゴシック系の場合でも明朝系で表示されます。

第4章：HTML学習の次のステップに向けて

4-1　HTML仕様のバージョンについて

　ここまでは、HTMLに関して主に実用面についてお話ししてきました。ここからさらに本格的にHTMLの学習を深めていくのであれば、HTMLのバージョンについて理解しておくことが有意義だと考えます。

　本書ではHTMLについて、基本的にHTML5を想定して解説を進めてきました。

　HTML5は2014年2014年10月28日に勧告されました。さらに、既に策定が進んでいたHTML 5.1仕様が2016年9月にほぼ完成し、2016年10月時点では次のHTML 5.2仕様のEditor's Draft（仕様策定者間で同意が取れている草案）が公開されています（https://w3c.github.io/html/）。

　このように、HTML5はマイナーチェンジを続けながら進化を続けています。

　新規に作成する場合はHTML5（HTML 5.1以降を含む）を使うことが多いと思いますが、場合によってはそれ以前に勧告されたHTML 4.01（1999

年勧告) やXHTML 1.1 (2001年勧告) を扱うケースもあるかもしれません。
参考までに、これらのHTML仕様について少し説明します。

4-1-1　HTML 4.01

HTML 4.01は1997年に勧告されたHTML 4.0の修正版です。それ以前のHTML仕様はHTML 3.2でした。第1章で説明した、Webサイトの見た目やレイアウトまですべてHTMLで制作していたのはHTML 3.2の時代です。

HTML 4.01（以後HTML 4.0含む）はHTMLとCSSの役割分担に向けての過渡期の仕様で、HTML 4.01 Frameset、HTML 4.01 Transitional、HTML4.01 Strictの3つのセットで構成されます。

HTML 4.01 FramesetやHTML 4.01 Transitionalは、HTMLの役割にそぐわない要素や属性を残した古い仕様寄りのもので、HTML4.01 Strictはそれらを排除した次世代寄りのものです。

3つのセットのそれぞれのドキュメントタイプ宣言を次に記載しておきます。

●HTML 4.01 Frameset DTD
```
<!DOCTYPE HTML PUBLIC"-//W3C//DTD HTML 4.01
Frameset//EN"
"http://www.w3.org/TR/html4/frameset.dtd">
```

●HTML 4.01 Transitional DTD
```
<!DOCTYPE HTML PUBLIC"-//W3C//DTD HTML 4.01
Transitional//EN"
"http://www.w3.org/TR/html4/loose.dtd">
```

●HTML 4.01 Strict DTD
```
<!DOCTYPE HTML PUBLIC"-//W3C//DTD HTML 4.01//EN"
"http://www.w3.org/TR/html4/strict.dtd">
```

4-1-2 XHTML 1.1

　XHTMLはHTMLをXMLの文法で定義しなおしたマークアップ言語です。

　XMLは書式的にはHTMLと類似していますが、独自のタグを使ってさまざまな情報をマークアップできます。

　例えばサッカーチームの情報を作成する場合、team要素の中にmember要素を入れて、position属性でポジションを、uniform_no属性で背番号を指定する……というようなことができます。ここで挙げた要素名や属性名はすべて任意の名前です。

　このような特徴からXMLはさまざまなサービスやアプリで利用されています。HTMLもXMLの文法に準拠すれば、サービス間の相互運用性が高まって利便性が向上するケースが出てくるでしょう。

　XHTML 1.1の前のXHTML 1.0はHTML 4.01をXML仕様に適合させたもので、やはりFrameset、Transitional、Strictの3種類があります。

　XHTML 1.1ではStrictを基にした仕様のみになり、機能がモジュール化されました。

　モジュールとは、機能ごとに分割された仕様です。XHTML 1.1に含まれるすべてのモジュールをサポートするには力不足のデバイス向けに、負荷の高いモジュールを省略したサブセットを利用することも可能です。

　XHTMLのドキュメントタイプ宣言は次の通りです。

● XHTML 1.1 DTD

```
<!DOCTYPE html PUBLIC"-//W3C//DTD XHTML 1.1//EN"
"http://www.w3.org/TR/xhtml11/DTD/xhtml11.dtd">
```

4-2　HTML書式とXHTML書式

前項で紹介したXHTML仕様はXML仕様に従うために、書式的にHTMLと微妙に異なる部分があります。

XHTMLの書式がHTMLと異なる部分を、以下にピックアップしておきます。

4-2-1　XML宣言と文字コードの指定

XHTMLはXML仕様に沿って冒頭にXML宣言を配置することが推奨されています。XML宣言では文字コードも指定することも推奨されています。

以下、文字コードがUTF-8の場合のXML宣言の例です。

●XML宣言
```
<?xml version="1.0" encoding="UTF-8"?>
```

4-2-2　大文字・小文字の区別

HTML書式では要素名や属性名は大文字でも小文字でも構いません。しかし、XHTMLでは小文字で記述する必要があります。

●要素名、属性名は小文字で
```
<a href="profile.html">プロフィール</a>
```

4-2-3　空要素の記述

第2章で紹介した「単独で使うタグ」のことを空要素と言います。

空要素はHTMLでは開始タグのみで終了タグが無い形ですが、XHTML

では終了タグを付加するか、開始タグの閉じかっこを「 />」としなければなりません。

　空要素に終了タグを付加する場合には、内容はスペース等も入れず完全に空にしておく必要があります。

●空要素の定義例

```
<br />
<br></br>
```

　開始タグの閉じかっこを「 />」とする場合には、古い Web ブラウザによる誤まった解釈を避けるために、定義例のように半角スペースを追加しておくのが一般的となっています。

4-2-4　属性の指定

　HTML では属性値を指定する場合、「""」を省略しても許容されますが、XHTML 書式では省略できません。

　また、XHTML 書式では論理属性を指定する場合「**属性名="属性名"**」の書式を使います。

●空要素の定義例

```
<ol reversed="reversed">
  <li>アルゼンチン</li>
  <li>ドイツ</li>
  <li>スペイン</li>
</ol>
```

4-2-5　html要素での指定

　XMLでは任意の要素名を利用できます。ただしXHTMLでは、XHTML仕様で決められた要素を利用するために、最上位要素である**html**要素の開始タグで名前空間の指定を行う必要があります。

　また、言語の指定をする場合もHTML書式と異なる表記になります。

●html要素の開始タグの例

```
<html xmlins="http://www.w3.org/1999/xhtml"
xml:lang="ja">
```

　従来の仕様では、HTML仕様ではHTML書式のみを、XHTML仕様ではXHTML書式のみを使えました。

　HTML5仕様ではどちらの書式を使うこともできるようになりました。もちろん1つのファイル内で両方の書き方を混ぜて使うことはできません。

　例えば、現在日本の電子書籍の標準的な形式であるEPUB 3仕様では、コンテンツ本編はXHTML書式のHTML5ドキュメントを利用することになっています。

4-3　ビデオ、音声の利用

　HTML5仕様ではビデオデータや音声データも利用できるようになりました。

　ただしHTML5ではWebブラウザがサポートすべきデータの圧縮方式やファイル形式は指定されていません。

　主要なWebブラウザでサポートする形式が一致せず、主要なブラウザに対応するには複数形式のデータを用意する必要があります。

　現在のところ、ビデオはH.264方式とWebM方式、音声はMP3形式と

OGG形式を併用するのが安心でしょう。

　ビデオの再生にはvideo要素を、音声の再生にはaudio要素を使います。それぞれ2つずつ使い方を紹介します。

4-3-1　ビデオ：video要素

　video要素ではvideo開始タグにsrc属性を記述してビデオファイルを指定する方法と、video要素内にsource要素を配置し、source開始タグにsrc属性を記述してビデオファイルを指定する方法があります。

　前者ではビデオファイルを1つ、後者では複数指定できます。

　video要素にはファイルの指定を行うためのsrc属性や、コントローラーを表示するためのcontrols属性、ビデオが再生できない場合に代わりに表示する画像を指定するposter属性などの属性を指定できます。この内controls属性は論理属性です。

　なおsource要素を使用する場合にはsrc属性はsource要素ごとに指定します。

　また、video要素内にはvideo要素をサポートしていないブラウザ向けに、代替コンテンツを入れておきましょう。

●ビデオの利用例1
```
<video src="media/video01.mp4"
poster="img/poster01.jpg" controls>
  <p>お使いの環境ではビデオを再生できません。</p>
</video>
```

●ビデオの利用例2
```
<video poster="img/poster01.jpg" controls>
  <source src="media/video01.mp4">
  <source src="media/video01.webm">
```

```
  <p>お使いの環境ではビデオを再生できません。</p>
</video>
```

4-3-2　音声：audio要素

audio要素もvideo要素に準ずる2種類の方法で指定できます。
ただしaudio要素ではposter属性は使用できません。

●音声の利用例1
```
<audio src="media/audio01.mp3" controls>
  <p>お使いの環境ではビデオを再生できません。</p>
</audio>
```

●ビデオの利用例2
```
<audio controls>
  <source src="media/audio01.mp3">
  <source src="media/audio01.ogg">
  <p>お使いの環境では音声を再生できません。</p>
</audio>
```

　ビデオデータや音声データのような音の出るデータを扱う場合、注意が
必要です。Webサイトにアクセスするユーザーは、音声が出ることを通常
は想定していません。

　ビデオや音声は自動再生させることも可能です（本書では省略しました）。
しかし、Webページを開いた時に自動で音声が再生されたら、ユーザーは
驚いてしまうでしょう。

　再生はユーザーの意思で行われるようにしておくのが基本です。

4-4　サーバー、アクセスの概要

　公開された Web サイトでは、HTML ファイルを始めとする Web サイトを構成するファイル群がオンラインの Web サーバー上に置かれます。

　オンライン上のサーバーにデータを送るには、ファイル転送のための通信方式があり、その通信方式を使ってファイル転送ができるアプリが必要です。

　ファイル転送のもっとも基本的な通信方式は FTP (File Transfer Protocol)と言い、FTP でデータ転送を行うアプリを総称して FTP クライアントと言います。

　FTP クライアントではサーバーアドレス、ユーザー名、パスワードなどが必要になります。これらの情報はサーバー管理者から得ることができます。

　Web サーバーにアップロードした Web サイトは、他の Web サイトと同様に Web ブラウザからアクセスできるようになります。

　サイトの URL は FTP クライアントからアクセスしたパスとは異なるものになるので、やはりサーバー管理者からどのような URL になるのかを教えてもらう必要があります。

　なお FTP は古い方式でセキュリティに関する脆弱性が指摘されています。そのため現在では FTP に代わって、FTPS（SSL/TLS を利用した FTP）や SFTP（SSH File Transfer Protocol）といった暗号化された方式が使われることが一般的になっています。

　Web サイトにアクセスする場合は、Web ブラウザは HTTP（Hypertext Transfer Protocol）という通信方式で Web サーバーとアクセスします。

　HTTP 通信では、Web ブラウザからリクエストされたファイルを Web サーバーが受け渡すという処理を行います。

●HTTP通信のイメージ

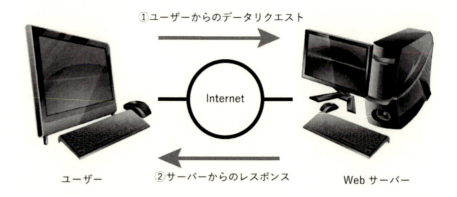

　Webページで使用しているファイル数が多いと、Webサーバーの処理が増えてWebページの表示に時間がかかる要因となります。個人のWebサイトではさほど気にする必要はありませんが、多くのユーザーがアクセスするWebサイトではさまざまなチューニングが行われています。
　また、Webサーバーとユーザーのデバイスはネットワークで接続されています。
　近年は通信速度の速いブロードバンド環境が普及していますが、それでもWebサイト用のデータはファイルサイズを抑えた方がデータ転送が速く行えます。
　特に、画像ファイルやビデオファイル、音声ファイルなどはファイルサイズが大きくなりやすいデータなので、縦横サイズ（画像、ビデオ）や品質を適切なものにする必要があります。
　ローカルのPC上で制作・確認しているだけだと意識しにくい点ですが、実際にWebサイトの公開までを考えているのであればこれらの点にも注意を向けるようにしましょう。

4-5　マークアップの「正解」

　HTMLのマークアップに、間違いはあっても「唯一の正解」はありません。

　HTMLの要素には本書で紹介したもの以外にもいろいろなものがあります。HTMLの要素をフルに活用し、コンテンツに詳細な意味付けを行うのは1つの正解でしょう。

　しかし、データサイズが多くなる、構造が複雑になり制作やメンテナンスができる人員が限られる、同様に制作時間やコストが多くなる、といった点も生じる可能性があります。

　そのような問題を避けるために、いくらかシンプルな形でマークアップを行うケースもあると思われます。その場合も正解といって差し支えないでしょう。

　重要なのは、どのような基準、方針、価値観の元にマークアップするか、という点です。

　重視するのは何なのか。意味付けの詳細さ・正確さか、制作期間やコストか、作業を分担できる程度の容易さか、いろいろな考え方があるでしょう。

　マークアップを行う前に、あらかじめその辺りを考えておくのは有用なことです。

　実際にマークアップを開始したら、事前の考えを修正する必要を感じることもあるかもしれません。その場合でも、修正すべき本質を捉えやすいはずです。

第5章：CSS学習の次のステップに向けて

5-1　CSSのバージョンとCSS 3モジュール

　HTMLにバージョンがあるように、CSSにもバージョンがあります。ただし、HTMLドキュメントを作成する場合には文書の冒頭のドキュメントタイプ宣言でそのドキュメントで使用するHTMLのバージョンを宣言するのに対し、CSSでは使用するバージョンの宣言はありません。

　現在利用が広がりつつあるCSS 3からは、機能ごとにモジュール化されモジュールごとに仕様が策定・勧告されるようになっています。

　ただし、WebブラウザのCSSのサポートは、CSSのバージョンやモジュール単位で行われるのではなくプロパティ単位で行われます。そのため、CSSのバージョンやモジュールは、それほど意識する必要は感じないかもしれませんが、知識の整理や理解のベースとしてはおさえておいたほうがよいでしょう。

　以下、CSSのバージョンやCSS 3のモジュールについて紹介します。

5-1-1　CSSのバージョンについて

　CSSでは正式には「バージョン」というフレーズではなく「レベル」というフレーズを使います。

　例えば、CSSの最初の仕様は「Cascading Style Sheets, level 1」と言います。本書では便宜上「バージョン」というフレーズを使っていますが、一応この点ご了解ください。

　先述の通り、CSSを使用する場合は、バージョンの宣言は行いません。CSSでは、使用したいCSSプロパティや機能をWebブラウザがサポートしているかどうか、という点が重要になってきます。

　HTMLに比べるとバージョンそのものを意識することは少ないかもしれませんが、以下簡単に紹介しておきます。

■Cascading Style Sheets, level 1（CSS 1）

　1996年12月に勧告された、CSSの最初のバージョンです。

　本書で紹介した多くのプロパティはCSS 1に含まれているものです。

　仕様自体は、意外に早い時期に勧告されていましたが、Webブラウザの対応がなかなか進まず、なかなか利用が進みませんでした。

■Cascading Style Sheets, level 2（CSS 2）／ Cascading Style Sheets, level 2 revision 1（CSS 2.1）

　CSS 2は1998年5月に勧告されたCSS 1の後継仕様です。出力デバイスによってCSSを切り替える仕組みであるMedia Typesなどが追加されました。

　CSS 2.1はCSS 2の改訂版で2011年6月に勧告されました。

　CSS 2.1は、CSS 2の曖昧な記述を定義しなおしたり、実装が進まない機能をCSS 3以降で再定義するために削除したりしています。仕様の勧告は2011年ですが、実質的に2000年代初頭から標準的な仕様として扱われていました。

■Cascading Style Sheets, level 3（CSS 3）

　CSS 3からは仕様がモジュール化されたため、モジュール単位で策定・勧告が行われるようになっています。

　例えば、カラー値の指定で、不透明度の指定やhls型での指定はCSS 3の「CSS Color Module Level 3」というモジュールで定義されています。CSS Color Module Level 3は2011年6月に勧告されています。

　また、CSS 2.1のMedia Types仕様の後継にあたる「Media Queries」は2012年6月に勧告されています。Media Queriesは後述するレスポンシブWebデザインというサイト制作手法の中心となる技術です。

　一部のモジュールでは既にLevel 4の策定作業が始まっています。

■ベンダープレフィックス（補足）

　CSS 3のプロパティには仕様が確定していないものがありますが、それらの一部はブラウザが独自に先行実装している場合があります。そのようなプロパティはベンダープレフィックスと呼ばれる表記を付加して、本来のプロパティと共に記述します。

　例えば、段組みを設定するCSS 3プロパティ column-count で3段組みを作成する場合、標準的には以下のように記述します。

●CSSの例：3段組みの設定
```
column-count: 3;
```

　しかし、段組みに関する仕様はまだ確定していません。Webブラウザがこの標準的な書き方をサポートせず、独自の先行実装に留まる場合、次のようにWebブラウザごとのベンダープレフィックス付きの書式を併記します。

●CSSの例：ベンダープレフィックス付き記述の併記
```
-moz-column-count: 3; /* Firefox用*/
-webkit-column-count: 3; /* Chrome／Safari／Opera用*/
```

```
-ms-column-count: 3; /* Internet Explorer用*/
column-count: 3; /* 標準*/
```

　ベンダープレフィックスが必要になるプロパティはWebブラウザのアップデートと共に変わってきますので、必要に応じて対象となるWebブラウザのバージョンを検討し確認してください。

5-1-2　CSS 3のモジュール

　CSS 3のモジュールは勧告に至っていないものも少なくありませんが、代表的なものを以下に紹介します。
　仕様の策定状況は2016年5月時点のものです。

■CSS Values and Units Module Level 3
　CSSにおける一般的な値や単位に関する仕様です。2016年9月勧告候補。

■CSS Color Module Level 3
　CSSにおける、色や不透明度に関する指定のための仕様です。2012年6月勧告。

■Selectors Level 3
　セレクタに関する仕様です。2011年9月勧告。

■CSS Fonts Module Level 3
　フォントの種類、文字サイズ、文字の太さなどフォント関連の仕様です。Webフォントもここに含まれます。2013年10月勧告候補。

■CSS Backgrounds and Borders Module Level 3
　背景や境界線に関する仕様です。2014年9月作業草案。

■CSS Lists and Counters Module Level 3

リスト（箇条書き）に関する仕様です。2014年3月作業草案。

■CSS Text Module Level 3

テキストやホワイトスペースの制御に関する仕様です。禁則処理なども
ここに含まれます。2013年10月最終草案。

■CSS Writing Modes Level 3

主に欧米以外のテキストフローを扱うための仕様です。縦書きに関する
仕様もここに含まれます。2015年12月勧告候補。

■CSS Multi-column Layout Module

マルチカラム（複数の段組み）に関する仕様です。2011年4月勧告候補。

■CSS Transitions

スムーズなプロパティ変化による視覚効果に関する仕様です。2013年
11月作業草案。

■CSS Animations

キーフレームを利用した、プロパティ変化によるアニメーションに関す
る仕様です。2013年2月作業草案。

■CSS Flexible Box Layout Module Level 1

ウィンドウサイズが変化する場合などに便利な、柔軟なレイアウトを可
能にするフレキシブルボックスに関する仕様です。2016年5月勧告候補。

　既にレベル4の策定が始まっているモジュールもあるので、興味のある
方は調べてみてください。

5-2 主要なレイアウト手法

　本書ではレイアウトについてサンプルコードの提示は行いませんが、以下、レイアウトの手法や見せ方のアプローチの代表的なものを紹介します。

　以下の項目は、必ずしも全てが同じレベルの手法とは限りません。ある手法とある手法は共に組み入れて利用できるものもあります。

　今後もCSSの進化と共に新たなレイアウト手法が登場したり、あるレイアウト手法をより効率の良いやり方で実現できたりするようになってくるでしょう。

　まずは、以下の項目をご自分でレイアウトを構築する際の参考にしてください。

5-2-1　固定幅レイアウト

　コンテンツの幅をピクセルの単位で指定し、表示領域の幅に関わらず一定のサイズのまま表示するレイアウトです。

●表示領域のサイズに関わらずコンテンツは一定のサイズ

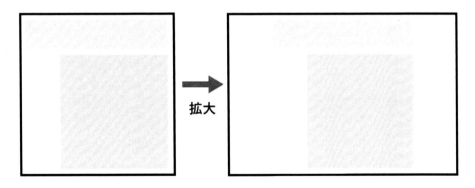

　制作者のイメージを反映しやすい反面、デスクトップのような大きな表示領域で変に隙間が空いたり、モバイルデバイスのような小さい表示領域

では横スクロールが必要になったりする可能性があります。

5-2-2　リキッドレイアウト／フレキシブルレイアウト

　コンテンツの幅を％の単位で指定することで、コンテンツを表示領域に応じた幅で表示するのがリキッドレイアウトです。

●表示領域のサイズに合わせてコンテンツの幅が変化

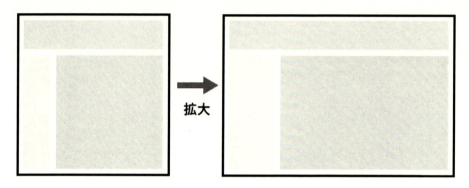

　フレキシブルレイアウトはリキッドレイアウトの一種で、コンテンツ幅の最小値と最大値を設定することで、表示領域のサイズに合わせてコンテンツのサイズが際限なく変化するのを防ぎます。

●コンテンツの最小値・最大値を指定

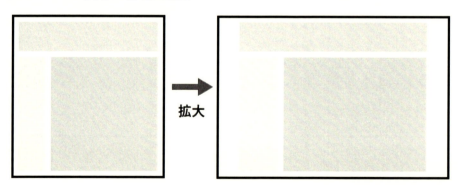

5-2-3　グリッドレイアウト／可変グリッドレイアウト

　グリッドレイアウトは画面にグリッド（レイアウト用の罫線のようなもの）を想定し、それに従って各ブロックをレイアウトする手法です。

●グリッドに合わせたレイアウト

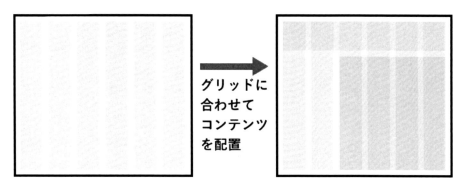

　グリッドレイアウトは固定幅レイアウトやリキッドレイアウトとは異なるレベルの手法なので、それらと併用できます。コンテンツ幅とグリッド幅を固定すれば固定幅レイアウトのグリッドレイアウトになり、コンテンツ幅を可変にすればリキッドレイアウトのグリッドレイアウトになります。

　その他、表示領域のサイズに応じてグリッド数を変化させる手法もあります。この手法を可変グリッドレイアウトと呼びます。

●表示領域を広げるとグリッド数が増える

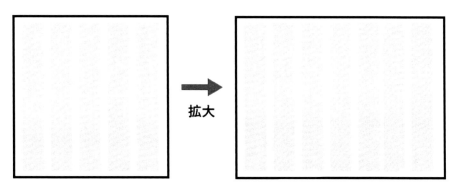

5-2-4　レスポンシブWebデザイン

　レスポンシブWebデザインは、デスクトップ環境だけでなくスマートフォンやタブレットPCなどのマルチデバイス対応のための考え方で、直接的なレイアウト手法ではありません。

　概要としては、表示領域の幅に応じて何段階かのレイアウトスタイルをCSSで用意しておき、CSS 3のMedia Queries仕様を利用して、スタイルを動的に切り替えるものです。

●表示領域のサイズによりそれぞれのレイアウトに切り替え

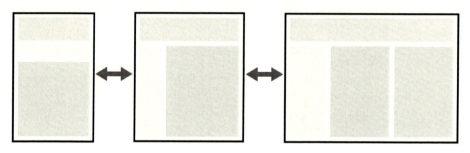

　代表的なのは、スマートフォン向けの小サイズ用レイアウト、タブレットPC向けの中サイズ用レイアウト、デスクトップ用の大サイズレイアウトの3段階用意する方法です。

　同一のHTMLを共用することでSEO（検索最適化）上のメリットがありますが、構造的に複雑になりデバイス別のページをそれぞれ作成するより工数が増える可能性もあります。

　レイアウト手法はさまざまな要因によって新たなものが考案、運用されていきます。要因の例としては、閲覧デバイスの多様化、CSSの進化、ディスプレイのサイズ大型化や高解像度化などが主なものとして挙げられます。

　またHTML 5.1では、同じ画像を複数サイズで用意しておき、表示領域のサイズに応じて適切なものを表示する仕組みが追加される予定で、レスポン

シブWebデザインと相性のよい機能です。この辺りについては「picture
要素」「srcset属性」などをキーワードとしてネット検索してみるとさ
まざまな情報が得られます。

著者紹介

林 拓也 （はやし たくや）

フリーランスとしてWebサイト・電子書籍・eラーニング教材などのコンテンツ制作、ソフトウェアトレーニングの講師、カリキュラム・教材制作、技術書執筆、セミナー講演などを行っている。
著書に『いちばんやさしいDreamweaver』（ビー・エヌ・エヌ新社）、『iBooks Authorレッスンノート』（ラトルズ）、『EPUB 3 電子書籍制作の教科書』（技術評論社）がある。

◎本書スタッフ
アートディレクター/装丁：岡田 章志＋GY
編集：向井 領治
デジタル編集：栗原 翔

●本書の内容についてのお問い合わせ先
株式会社インプレスR&D　メール窓口
np-info@impress.co.jp
件名に「『本書名』問い合わせ係」と明記してお送りください。
電話やFAX、郵便でのご質問にはお答えできません。返信までには、しばらくお時間をいただく場合があります。なお、本書の範囲を超えるご質問にはお答えしかねますので、あらかじめご了承ください。
また、本書の内容についてはNextPublishingオフィシャルWebサイトにて情報を公開しております。
http://nextpublishing.jp/

●落丁・乱丁本はお手数ですが、インプレスカスタマーセンターまでお送りください。送料弊社負担 にてお取り替えさせていただきます。但し、古書店で購入されたものについてはお取り替えできません。

■読者の窓口
インプレスカスタマーセンター
〒101-0051
東京都千代田区神田神保町一丁目105番地
TEL 03-6837-5016／FAX 03-6837-5023
info@impress.co.jp

■書店／販売店のご注文窓口
株式会社インプレス受注センター
TEL 048-449-8040／FAX 048-449-8041

今、見直すHTML&CSS改訂版

2016年12月2日　初版発行Ver.1.0（PDF版）

著　者　林 拓也
編集人　桜井 徹
発行人　井芹 昌信
発　行　株式会社インプレスR&D
　　　　〒101-0051
　　　　東京都千代田区神田神保町一丁目105番地
　　　　http://nextpublishing.jp/
発　売　株式会社インプレス
　　　　〒101-0051　東京都千代田区神田神保町一丁目105番地

●本書は著作権法上の保護を受けています。本書の一部あるいは全部について株式会社インプレスR&Dから文書による許諾を得ずに、いかなる方法においても無断で複写、複製することは禁じられています。

©2016 Hayashi Takuya. All rights reserved.
印刷・製本　京葉流通倉庫株式会社
Printed in Japan

ISBN978-4-8443-9737-3

Next Publishing®

●本書はNextPublishingメソッドによって発行されています。
NextPublishingメソッドは株式会社インプレスR&Dが開発した、電子書籍と印刷書籍を同時発行できるデジタルファースト型の新出版方式です。http://nextpublishing.jp/